只需手缝！爱上皮革的素材魅力！

手缝皮革技巧事典

印地安皮革创意工场 著

河南科学技术出版社
·郑州·

推荐序

单纯的素材，却有着无限可能!

现今科技发达，我们的身边充斥着诸多新异材质，随着选择多样，生活体验也更加丰富了。然而，在这些多样的选择中，我们却想要回头寻找一种最朴实无华的感动。从事皮革行业这么多年，我越来越发现皮革是如此自然、迷人的素材，是如此贴近我们的生活。

喜爱手工制作皮件的人，多半在生活态度上也有自己独特的想法；“印地安”对于环保植物鞣制皮革工艺的推广，也始终坚持不懈。三十多年来在这一领域里，“印地安”本着自然环保的理念，不断搜寻并开发新材料，在母公司金革企业的支持下，积极发挥极简风格的设计，让大家了解爱护地球其实也可以兼顾环保与时尚!

本书是由印地安皮革创意工场的专业皮革工艺老师，基于多年的实践及教学经验，归纳出各种极简风手缝皮革必学的基本技巧，并整理成简单易懂的图解步骤，向大家示范常用的皮革、工具和染料、定色剂（仕上剂）等用法，希望所有对皮革制作有兴趣的读者，都能轻松学习，轻易上手，一起爱上皮革的无限魅力!

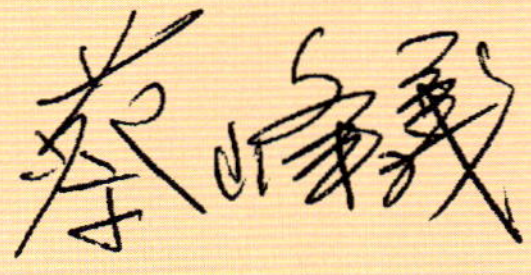

目 录

Part 1 手缝皮革基础 **技巧篇**

Part 2 手缝就能完成的有型皮件 **做法篇**

Part 1 手缝皮革基础

技巧篇

先了解各种皮革材质，

再以手缝为出发点，一步步熟习制作技巧，

学习如何将不同种类的皮革，

变成最适合在生活中使用的皮件制品。

皮革的魅力

在开始制作皮革作品前，先要对皮革进行基本的了解，才能在制作时更加得心应手。

“皮革”名称的由来

从动物身上直接取下的叫作“皮”，经由加工鞣制处理使其柔软且不会腐坏后叫作“革”。加工鞣制处理方法大致有两种：一种是“植物鞣”，以植物中提取出的单宁酸液浸泡鞣制；一种是“铬鞣”，使用化学铬粉鞣制。两种方法处理后的皮革特性完全不同。

皮革的特性

单宁酸液鞣制的革延展及可塑性大，并且坚固耐用，一般颜色为淡褐色，经日晒后颜色会变深，越使用越发有光泽与柔韧感，可再进行手工染色及其他各式加工处理，是最适合手缝的素材。铬粉鞣制的革则是具有非常柔软的特性，弹性佳但无可塑性，呈现青灰色，一般会经工厂进行加工染色处理等，通常用在软包皮夹等制作上。

先了解皮革各自的特性，我们才能选择最适合的皮革来制作作品。

皮革形状纤维、计算面积、削薄

皮革的纤维走向如图所示，依照箭头走向为最容易延展的方向，与其垂直则为不容易延展的方向。纤维的扎实度以背部为最强韧，其次是颈肩部，再就是头颈部和腹部，可依此选择适用的裁切部位来制作作品。

来自世界各地的皮革，计算面积的单位不一，以下是常用的计算方法：

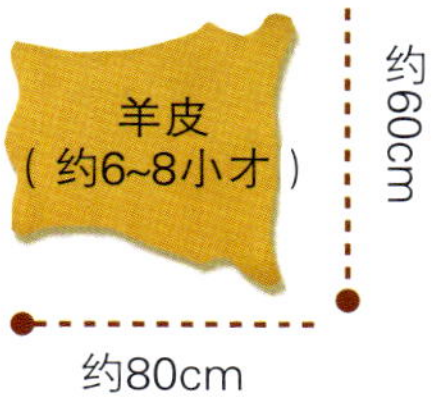

小才（1小才=25.4cm x 25.4cm）
大才（1大才=30.48cm x 30.48cm）
DM （1DM=10cm x 10cm）
SM （1SM=100cm x 100cm ）
总才数 x 每才单价=每张皮革总金额

皮革因为制作工艺不同会有各种厚度，同种类的皮革也可以委托皮革材料店按照作品需求削薄，最薄可以削至0.6mm左右。

皮革部位名称与纤维走向

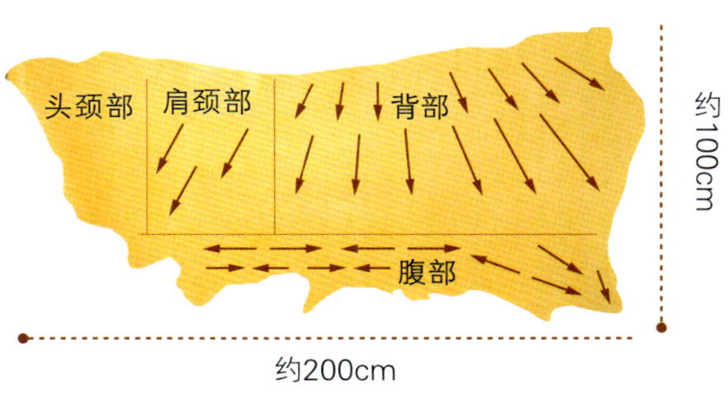

皮革的颜色变化和自然痕迹

天然皮革会因日晒或汗水接触而产生颜色上的变化，但不会因此而受损，反而有种岁月留下的痕迹。牛在生长过程中难免会被虫叮咬或与其他牛发生擦撞等，所以牛皮有虫斑或伤痕都是自然的现象。皮革也会因为产地、制作方式、牛的品种及牛龄等各种因素，价格上有所不同，所以慎选适合的皮革，是做出好作品的第一步。

皮革伤痕： 牛在自然放牧中生长，不可避免与其他牛发生擦撞造成伤痕，因此皮革也有等级的区别。

皮革纹理： 牛皮的褶皱处，在颈、肩、下肚皮部位较为明显，天然纹理是行家首选。

皮革破洞： 牛生长过程受到较大的外力伤害造成斑痕，在皮革制作的过程中往往会将斑痕较大的面去除。

皮革烙印： 饲养过程中主人会为自家的牛烙下印记，为的是在同一个广大的放牧场里，能分辨出自家的牛。

皮革虫斑： 野外生长的牛会因小昆虫的叮咬或其他寄生虫所侵害产生皮肤感染的问题，所以皮面多少会受到影响。

皮革反面（毛面）： 皮面下层为纤维质，不同种类的皮革纤维质不尽相同，但多有毛糙感。

如何挑选皮革

由于皮革的种类繁多，用途广泛，并没有规定哪种皮革不能用在哪种作品上，所以制作者首先要了解的是，自己要做的作品的尺寸及想呈现的质感，这样才能从众多皮革中选出适当的来使用。

例如想制作零钱包，需要硬挺质感的时候，就可以直接使用植物鞣皮革，若使用铬鞣皮革则需要加衬料以增强硬度；若想要柔软又带点挺括质感的零钱包，可使用植物鞣皮革，再以柔软剂或是加脂剂等处理一下，若是使用铬鞣皮革则会呈现完全柔软服帖的状态。

植物鞣皮革

牛雕刻皮（植物鞣皮革）

雕刻皮（硬质鞣皮革）的表面光滑平整，最大的魅力在于经过打磨抛光后，会呈现优雅的光泽，经过使用，皮革颜色也会跟着变深，随着时间的改变皮革会有不同的变化，是最能体验皮革手作多种技巧乐趣的素材。因产地和植物单宁酸色泽不一，所以同样是植物鞣制，会有颜色差异。

软植鞣皮革

在鞣制中将其摔软加工的皮革，表面通常呈现摔花的不规则纹路，适合做软包，其色泽变化的特性与雕刻皮相同。

压纹植鞣牛皮

用花纹模具在植物鞣皮革表面加压制作而成，有各式各样的花纹种类，可以再进行染色处理，较有代表性的是鳄鱼、蜥蜴、蛇等动物皮花纹。

优若POLO软小牛皮

全裁小牛皮，欧洲制工，颜色多样、鲜艳，富有手感，皮质细柔滑嫩，以此制作的作品能呈现高质感。

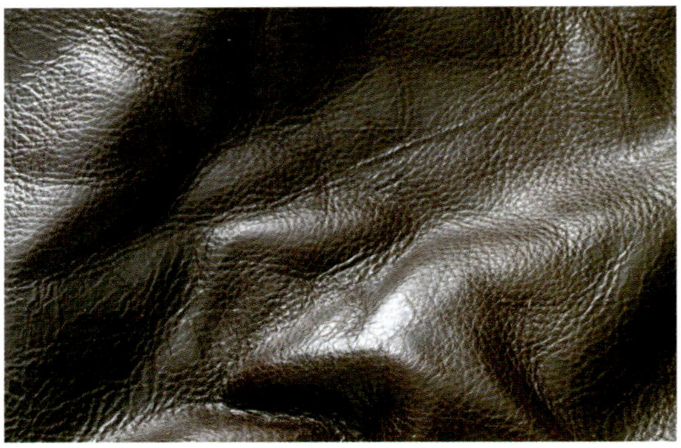

艾革拉手染牛皮

质地柔软，具有手染效果，自然摔花皮纹，色彩多样、饱和，富有光泽，适用于制作有高级质感的软包作品。

夫烈区雕刻边皮革

特级意大利制工，皮革呈现优雅的色泽，皮革柔软而有弹性，经久使用后越发呈现出皮革的自然光泽及色泽，品位高雅。

版型制作

正确的版型是制作一个完整包包的基础，从笔绘图稿至版型制作，这其中的细节是制作者不可忽略的，我们可以从版型制作中，预设这个作品的使用功能及造型，以及制作中会遇到的技巧性问题，所以精确的版型是很重要的。

使用正确工具，即使是新手也能完整制作出版型。

材料

半圆磨砂棒

三角板

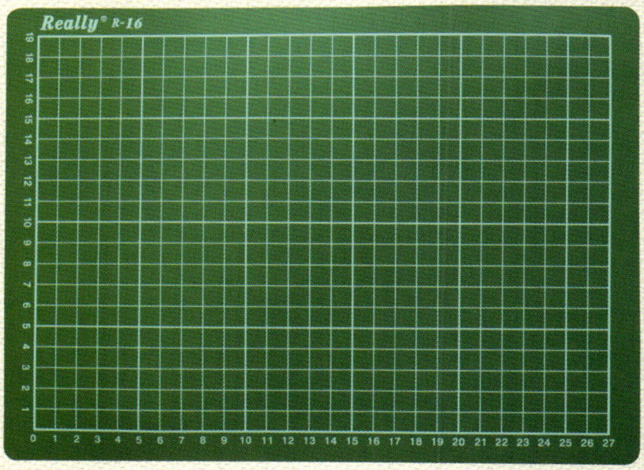

美工刀　　**喷胶**：用于粘贴使用　　**切割垫、克重300的厚纸板**

如何制作版型

Step 1　先将印好的纸型（印于普通纸上）准备好，并准备一张克重300的厚纸板。

Step 2　拿出喷胶喷在印好的纸型背面。

POINT

切勿喷太多喷胶，如果过于湿润，纸张会有变形之虞。

Step 3　再将纸型以中央弯曲方式，从中间依序往外粘贴在厚纸板上。

POINT

如不是从中央往外粘贴，有可能会造成纸型不能完全服帖于纸板上而产生空隙。

Step 4　拿出三角板以45°角将纸型刮平，不要太使劲，以免纸张破裂。

Step 5 ↓ 裁切时如遇到有内弧度的纸板，可使用圆錾先将有圆弧的部分冲下去（圆錾的大小需配合纸板内弧度的圆角）。

Step 6 ↓ 裁切直线时，刀片需45°裁切，并紧靠着铁尺。

POINT

裁切所使用的尺子必须是铁制材质，如果用塑料材质的易造成工具损坏。

Step 7 ↓ 裁切外围有弧度的纸板，需顺着记号线分段多次以刀尖裁切。

Step 8 裁切完后，因纸板边缘会有些许粗糙不平整，可以使用磨砂棒修整边缘。

描绘

制作好版型后，运用手边工具精确地将版型复制在不同样式、质地的皮革上，为的是裁切皮革时能有更精确的形状。

材料

尖锥

银笔：绘制皮革专用笔

硬皮——使用尖锥描绘版型

将版型服帖在皮革上，压好，用尖锥紧靠着版型边缘划线。

POINT

压好版型是制作皮革的重点

如果版型没有压好，在描绘过程中版型与皮革存在落差，则会影响之后的制作。

错误示范 一

版型没有压实，描绘时容易被掀起来。

错误示范 二

造成所绘线条歪斜，进而导致不能裁切出精确的作品形状。

软皮——使用银笔描绘版型

Step 1

不论是软皮还是硬皮，都可使用银笔描绘版型。描图时，切记版型必须稳稳地服帖在皮革上。

Step 2

完成精确的描线。

正确的剪裁

在皮革上描绘好版型后，紧接着就是剪裁的工作。皮革的种类很多，形状和厚度也不规则，建议初学者可以先挑选店家已裁切好既定规格的皮片或是较零碎的皮片来练习裁切。如何运用工具、方法得当地切割出理想的配片组件，是本节的学习重点。

裁刀的正确握法

皮革裁刀是皮革手作中运用范围最广、最常被使用的切割工具，握刀姿势、施力轻重与方向、切割直线与曲线等都各有其诀窍。通常初学者一开始会因为不习惯使用裁刀而选择美工刀，但裁刀的优点是能笔直准确地切下直角和进行削薄等。以下将示范裁刀最基础的使用方法，学习者慢慢习惯后就能了解其优点。

材料

平口裁刀(24mm)　平口裁刀(36mm)

裁刀的基本款平口裁刀有36mm、24mm两种规格，36mm是常用规格，使用者若是手较小，可选用24mm的规格。

Step 1

握刀时手肘不可以抬高，只需弯曲手腕，这样力量比较集中且稳定。

Step 2

刀锋必须与皮革垂直，因此看起来是有点倾斜的。

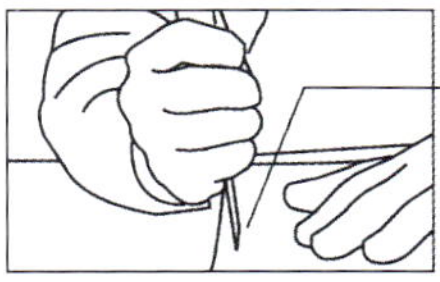

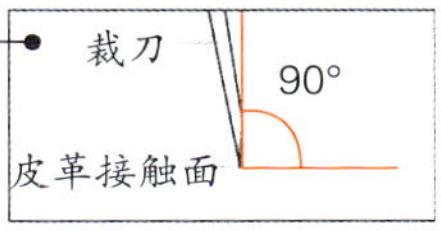

错误示范 若不注意刀锋位置，只一味将刀子完全垂直来切割的话，切下的皮革就会呈现倾斜的状态。

Step 3 ↓ 裁切直线时，刀片需以45°裁切并紧靠着铁尺（以美工刀为例）。

POINT

正确与错误方式所裁切下的皮片比较。

Step 4 ↓ 将刀锋对齐所需两侧角度顶端切下，就能得到漂亮整齐的切口。

POINT

图为裁刀刀锋放大的样子，由于裁刀是单面刃，再加上裁刀本身较厚，不同于美工刀，因此要特别注意手握的方式。

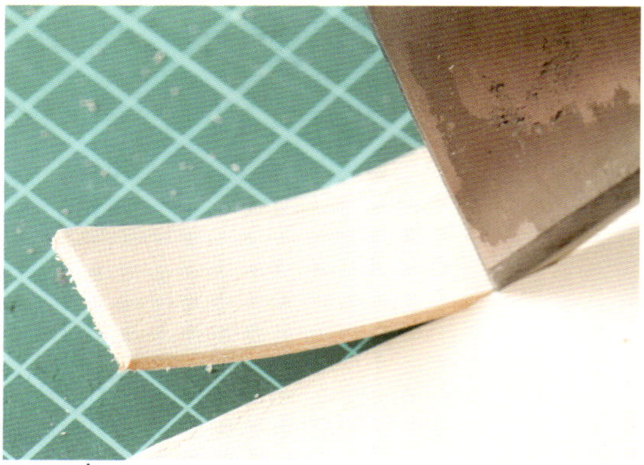

Step 5 ↓ 裁切直线时刀锋落下后，往后拖拉时可尽量放平，让刀锋与皮革的接触面变多，增加稳定性。

Step 6 裁切小曲线时尽量将刀锋竖起，转过弯角后再放下。

Step 7

将刀尖稍微抬起，轻轻推动刀尖切下，就可以得到利落的小缺口。由于空间较小，无法将刀尖转向，操作时可以将刀子竖直裁切。

裁刀的种类介绍

因使用者的不同需求，裁刀也有各种款式可应用，如斜口裁刀、圆弧裁刀等，此处介绍的是较延伸的款式，使用者可等熟练基本款平口裁刀后再添购。

材料

斜口裁刀 24mm宽

接触面小，方便切出微小的弧度。用斜口裁刀切割弧度时，刀尖原本就是倾斜的，所以不需要刻意倾斜握柄。

圆弧裁刀 36mm宽

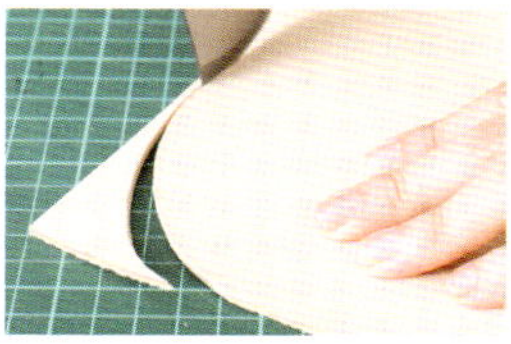

圆弧裁刀因为接触面只有中间，因此可以切出漂亮和较大的弧线。

由于接触面只有中间的缘故，可以利用圆弧裁刀慢慢削薄较大面积的皮革。

铬鞣皮革（软皮）的剪裁

切割的方式与硬皮革是相同的，但因为铬鞣皮革组织较松软，在切割时容易变形，所以在裁切时另一只手务必要牢牢地压住皮革，为了不让皮革松弛延展，拉紧皮革是一大要领。

替刃式裁刀

替刃式裁刀使用方法与其他裁刀类似，替刃式裁刀的刀锋变钝时，刀片可拆卸替换（其他裁刀则利用研磨保持锋利度）， 这就是替刃式裁刀的优点，不需研磨，只要替换刀片即可。替刃式裁刀的刀刃两面都是较倾斜且较薄的，因此不需要像平口裁刀那样倾斜来使用。

材料

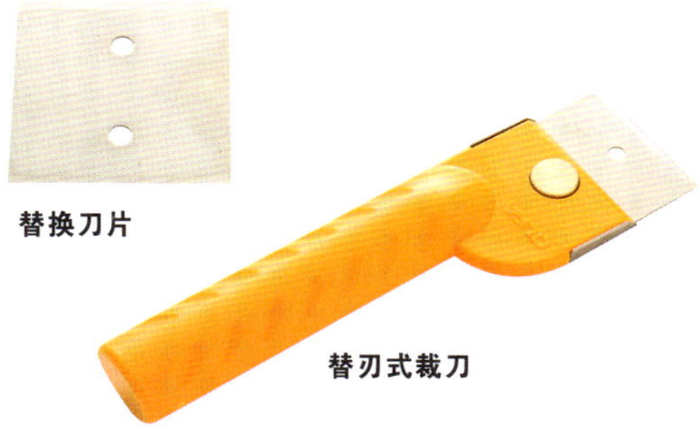

替换刀片

替刃式裁刀

替刃式裁刀的拿法

与平口裁刀握法相同，由于刀锋较薄，不需要像平口裁刀那样倾斜，只要稍向外侧倾放即可。

替刃式裁刀的刀尖比起平口裁刀来说较宽，所以不适合裁有弯角的部分；如果遇到较小的弯角时，可将刀尖竖起，靠前端的接触面来裁切。

使用美工刀剪裁

美工刀是日常可以取得的十分便利的裁切工具，所以对初学者来说是较好上手的，用法也跟日常使用相同，并不像裁刀那样有许多技巧，但用美工刀来裁切像皮革这样有纤维和厚度的素材时，还是有需要注意的地方。

材料

美工刀：剪裁较厚（如3mm以上）的皮革，需要使用宽版的美工刀，更容易施力，操作时应注意不要将刀刃推出太长

a 切割直线

美工刀的刀刃容易在施力时左右晃动，因此建议在操作时靠着铁尺增加稳定性，推出的刀刃长度尽量控制在2cm上下，这样在施力时才不会发生弯曲或折断。

b 切割曲线

美工刀在切弯角时，比切直线更容易左右晃动。

错误示范　若直接照着弧度切割会造成不平或切歪的现象。

POINT

想利用美工刀切出漂亮的弯角，就必须如图服帖着记号线分段切割，这种接近切直线的方式是最保险的。

使用剪刀剪裁

皮革剪刀分宽口和细口两种，主要用来修剪软皮、小角度或是容易拖拉变形的皮革。用剪刀剪直的线条的时候建议一次大幅度剪下，剪小地方或比较细密的图案，则要一点一点地移动，这样就能漂亮准确地剪出想要的样子。

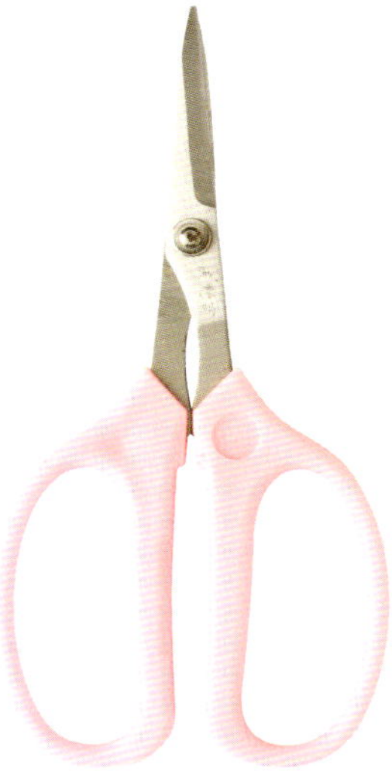

材料

剪刀： 皮革剪刀适合裁剪柔软的皮革，可用裁剪布的方式来进行

a 剪裁直线、曲线

用手撑开皮革，可以压住松软的纤维，使剪刀方便往前裁剪。

b 剪裁流苏

细口剪刀可以裁剪如流苏这样细密、均匀的图案。秘诀是尽量一刀剪到底，不要中断，若中断就有可能裁切过头或是切歪，需要特别注意。

皮革裁刀的保养

为了保持皮革裁刀的锋利，研磨保养是一定需要的，当裁切觉得不顺手，或是无法一次切断时，就表示裁刀需要磨了。

POINT

裁刀变钝是正常现象，需要根据实际情况随时磨，若因为变钝就放置不管、不再使用会很可惜。

材料

双面磨刀石： 分别有粗目磨刀石、细目磨刀石两种，请依照粗→细的顺序来完成研磨

Step 1

必须让磨刀石泡在水中，让中间也充分吸收水分。

Step 2

将裁刀刃面朝下，保持刃面可以全部接触到磨刀石的角度，稍微倾斜，往前推的时候才施力。

Step 3

同样的步骤，改用纹理更细的磨刀石来磨，请注意磨刀时磨刀石整面的面积都要尽量接触到，而不是只用一小部分，如此才能完整地磨到所有接触面。

POINT

磨后会发现被磨的刃面露出新刃。

Step 4

磨到刀锋变锋利后，翻到背面会发现多出来的部分，称为卷刃，此时再翻至背面（刀刃面朝上），以横向的方式轻轻将多余的卷刃磨掉，此步骤称为“全磨”。

Step 5

可以利用碎皮来确认刀子的锋利度，皮革裁刀若是锋利的状态，用来裁切几层碎皮比较容易，或是将皮革竖起也能轻易地切下，不会卡刀。

如何使用磨刀板与磨刀膏

使用完磨刀石后，可再用磨刀板做细磨，最好平时就养成使用磨刀板保养刀刃的习惯，一方面可以使刀子保持锋利，另一方面，由于刀子常接触单宁成分的皮革，刀刃容易受损，常常上油也能减缓相应的损耗。

材料

在磨刀板上滴适量磨刀油后，再涂满磨刀膏，请注意要涂满整个面。

磨刀膏

磨刀油

磨刀板

Step 1

在磨刀板上滴两三滴磨刀油，不需要太多。

↓

Step 2

涂上磨刀膏，从有磨刀油的部分开始涂，涂满整个面。

↓

Step 3

裁刀横放稍微倾斜，刃面服帖后，移动时朝同一个方向施力，磨完后可用棉布擦去多余的磨刀膏。

削薄

削薄是指利用工具或机器将皮革的厚度变薄，分为全削和局部削薄。全削是指使用专门的大型削薄机器，把整张皮革削成所需的厚度，但因削薄机需要专门设备和人员来操作，因此全削可以委托皮革材料店或批发商处理。皮革材料店也会有已经削薄的皮革可以挑选，1.0mm、1.3mm、1.6mm、1.8mm、2.2mm、2.5mm都是常备的厚度。局部削薄是指在重叠的区域或是需要装饰、弯折的地方进行部分削薄，制作包边或折边的效果，或是皮件多层贴合的时候都会用到局部削薄。

各式削薄的方法

除了使用专门机器的全削方法外，局部削薄的方法分为斜削、段削、中削三种，可依照制作上不同的需求来运用。若是不考虑皮革厚度，直接进行制作的话，可能会造成成品不如预想的效果，或是发生变形、有落差等问题，因此注重削薄的处理，可以为作品的精致度与品质大大加分。

a 斜削

皮革边缘呈现倾斜的削薄法。通常用于多层皮革贴合的时候。

Step 1

用锥子划出要削薄的范围。

Step 2

将裁刀刃面抵着用锥子划出的线条平行深入，刀头的力道要倾斜朝下。

Step 3

随着越来越接近边缘，力道放轻、把刀放平，会有一点浮起的感觉往外推，如果此时刀头力道朝下就会削穿皮革，所以应注意此步骤要小心谨慎地进行。

Step 4

将刀头放横，轻轻贴着皮面修去多余的皮屑。

应用法

斜削除了可减小作品层叠的厚度以外，还可做出45°贴合边的效果。

b 段削

皮革边缘呈现高低落差的削薄法。
适用于需要包边或折边效果时。

应用法

段削可以做成皮革折边的效果。

C 中削

皮革中间部分削薄，增加弯折及柔软度的削薄法。
适用于制作皮包或是需要制作折线角度的时候。

应用法

中削可以让作品保持厚度，又能弯折细小的弧度。上图是未中削、无法弯折的状态，下图是已中削的状态。

Step 1 在需要中削的地方画上中心线，两侧用尖锥再划上需要削薄的区域的基准线。

Step 2 将刀头抵着基准线往前推移，直到中心线为止。

Step 3 另一边也一样抵着基准线深入皮革，直到越过中心线。

Step 4 由中心线将刀头放入轻推，把多余的皮革去除。

d 全削

将整张皮革削薄成均等的厚度，通常要使用专门的削薄机器。
当整个皮件需要均等厚度时，单用手工的方式很难实现，因此一般会请皮革材料店代为削薄。

其他削薄工具用法

削皮器

如图，用平均的力道往下拉，进行削薄工作。

削薄刀

削薄刀可削范围较小，是一种像匙状的削薄工具。削薄直条部分时，刀刃微微向外倾斜服帖地插入皮革，握柄往下拉移。

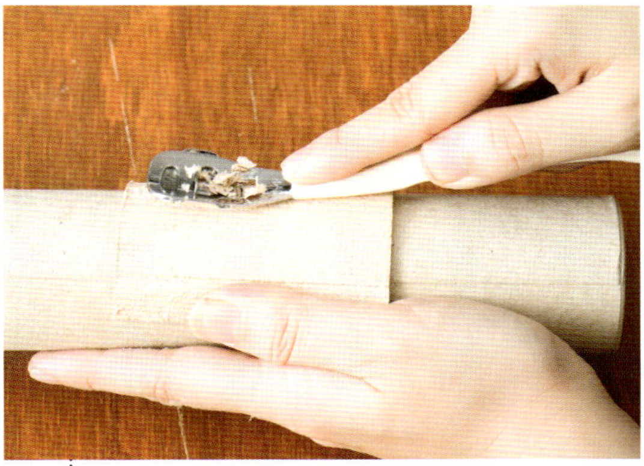

把皮革放在圆形的东西上，就可以用削薄刀进行中削。

皮革削薄机

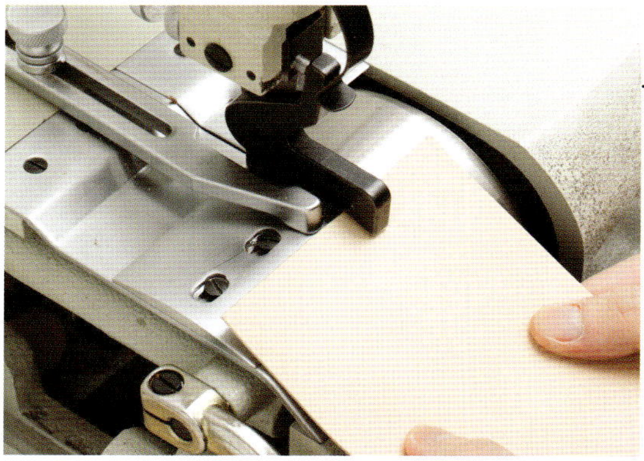

使用削薄机时，可以根据需要更换不同种类的压脚，就如同手工削薄可更换不同样式的裁刀和工具一般。将需要削薄的皮革面朝上、压入压脚，可依照需要削薄的宽度来调整。

图示为调整宽度后所得到宽与窄的削薄效果。

皮革表面防护与反面处理

天然的植物鞣皮革本身质感朴实，并未做太多加工处理。制作者在购买皮革后、制作皮件前，必须在皮革上使用适当的处理剂做保护，以确保之后使用起来不会因为脏污等原因造成皮件损坏。

抛光乳蜡、乳液

材料

抛光乳液

抛光乳蜡

Step 1

准备一块干净的棉布，如图，将棉布整齐折叠成饱满的形状。

POINT

使用碎布时须注意材质，不可使用不吸水的面料，如不织布及尼龙混纺布料。

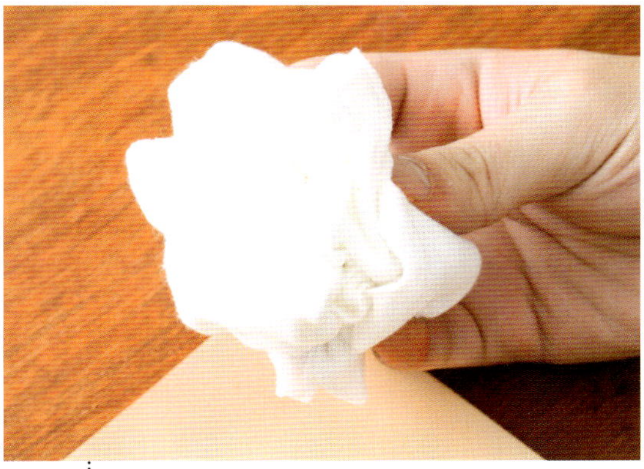

POINT

如果棉布没有整齐折叠好，用皱巴巴的布料去接触皮革，会造成接触面受力不均，保护剂在皮革上无法均匀延展，这样皮革会有深浅不一的情况发生。

Step 2

蘸取适量的皮革抛光乳蜡或乳液，先从皮革边缘涂抹，再以打圈的方式扩散至大面积。

Step 3

准备另一块干净的干棉布，以快速的方式抛亮皮革表面，以达到抛光效果。

POINT

涂抹完抛光乳蜡或乳液后，必须马上用另一块干棉布进行抛光处理，如果等到抛光乳蜡或乳液干了后再进行，皮革面会显干涩，导致抛光困难，这时也可在皮面喷上些水把抛光乳蜡或乳液擦掉，再重新上蜡。

Step 4

图中右侧为抛光完成后的皮革，开始会显得颜色偏深，但无须担心，因为处理剂里含有一些水分，待水分蒸发后，色差的状况就会消失。

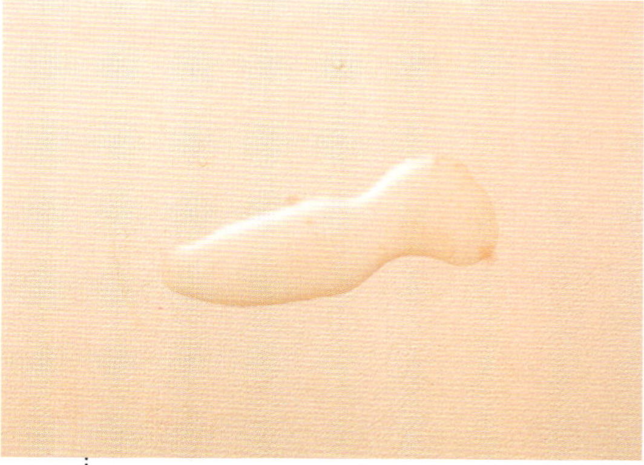

Step 5

处理完后的皮革会有些许防水效果。

防护保养油

材料

皮革保养蜜蜡

皮革保养貂油

皮革保养蜜蜡

Step 1　蘸取薄薄一层蜜蜡，以打圈方式涂抹于皮革上。

POINT

因是油性蜡质，所以刚涂抹完的皮革表面会有些许油滑的状况，建议在上完蜜蜡后，让皮革静置约15分钟，待蜜蜡完全吸收后再使用。

Step 2　图中右侧为使用蜜蜡的皮革颜色会些许变深，是正常的现象。

皮革保养貂油

使用貂油时也是蘸取薄薄一层，以打圈方式涂抹。

POINT

图中，皮革中间未做处理，上下侧进行了蜜蜡和貂油保养，可以看出这两种保养油也具有防水效果。

变色润泽油

材料

皮革变色润滑剂

牛脚油

牛脚油

Step 1 使用平刷或棉布，以同一个方向涂抹在皮革上，较不会显出涂抹痕迹。

Step 2 牛脚油的使用范围很广，有滋润皮革的功用，也可让皮革表面变成琥珀色，使用者可依自己的喜好增加上油的次数及用量，达到理想的效果。

皮革变色润滑剂

Step 1 皮革变色润滑剂在使用之前，与水以1：1调配，如图，两者混合在一起时会呈现乳白色。

Step 2 均匀涂抹于皮革上后，皮革面会呈现淡淡的琥珀色，变色状况为渐进式的，可依制作者的喜好增加涂抹次数及使用量。

防护喷剂

材料

皮革亮油
（须在通风处使用）

皮革防泼水剂
（须在通风处使用）

皮革亮油

Step 1 ↓ 使用方式是距离皮革面15cm喷洒。因皮革亮油属透明漆，喷洒时切勿过量，以免造成皮革变形及变色。

Step 2 待皮革亮油干燥后，皮革表面呈现如漆器般的光泽，同时还有防污、防水功效。

皮革防泼水剂

Step 1 ↓ 使用方式是距离皮革表面15cm喷洒，待挥发后，皮革即可恢复原来的样子，不会影响皮革本身的质感。

Step 2 ↓ 图中皮革表面下方为未喷洒防泼水剂的地方，明显会吸水。

Step 3 用皮革防泼水剂处理过的皮革进行喷雾测试，水珠仅会凝结于皮革表面，说明防泼水剂具有优越的防水效果。

POINT

皮革防泼水剂也可用在需要防潮的麂皮上，可作为日常皮革防护喷剂使用。

皮革反面处理

材料

床面处理剂

上胶片（大）

革用厚玻璃板

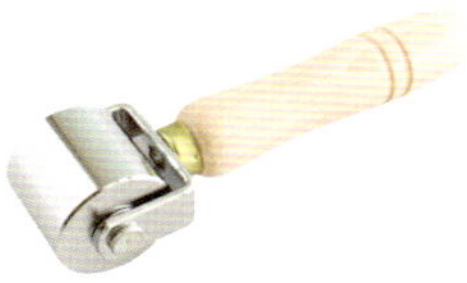

滚轮

床面处理剂

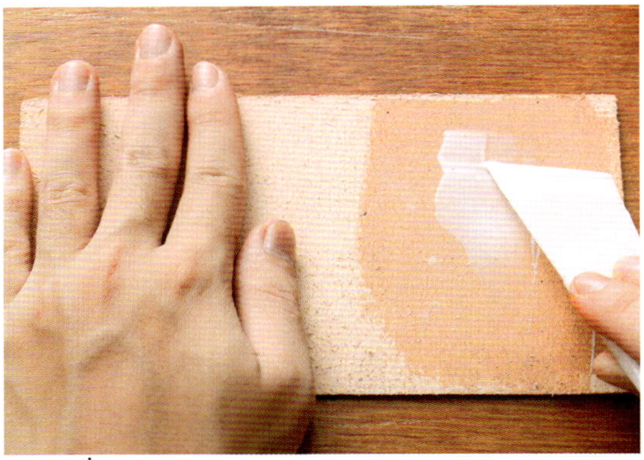

Step 1 用上胶片蘸取适量的床面处理剂，以来回刮涂的方式均匀涂抹于皮革反面。

Step 2 可用革用厚玻璃板顺着皮革纤维方向压实。

Step 3 也可使用滚轮顺着皮革纤维方向压实，待床面处理剂干燥后就完成了。

Step 4 左半边为处理后的皮革反面，质感显得平滑。

POINT

通常皮革反面（毛面）因为纤维的关系，会显得毛糙，所以在使用皮革之前必须经过反面处理的程序，这样成品才不会出现乱掉皮屑及纤维松散的问题。

皮革染色

从基本三原色红、黄、蓝，到调配出更多的颜色，关键在于制作者对颜色的敏感度及运用方式。表面布满毛细孔的皮革面吸水性极佳，一旦上了染料后就无法恢复原貌，建议在染色之前先利用碎皮革试染，等确定无误后再染于作品上，如此才是最安全的做法。

染出柔软的质感——植物鞣皮革

材料

酒精性染料

油质染料

皮革亮光乳液

牛脚油

水性柔软剂

皮革用浸透剂

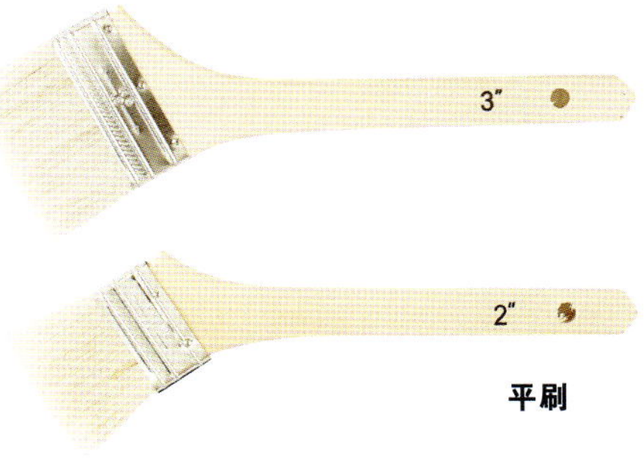

平刷

a 酒精性染料的用法

酒精性染料100mL + 水100mL+ 水性柔软剂20mL+ 皮革用浸透剂10mL

POINT
此配比为染植物鞣皮革（软）所用，其余配比可参照下表。

皮革	植物鞣皮革**硬**	植物鞣皮革**软**
酒精性染料+水	100mL+100mL	100mL+100mL
盐基性染料+水	100mL+70mL	100mL+70mL
水性柔软剂	10mL	20mL
皮革用浸透剂	10mL	10mL

关于颜色

盐基性染料明亮度较高，但比较而言颜色较淡，所以兑水要少些，颜色才不会显得过于透明。酒精性染料颜色稍深，所以兑等量的水，这样颜色才显得适当。

关于水性柔软剂

皮革染剂含有挥发性物质，在染色时有较好的渗透性，但皮革里的油脂也会因此而被吸收，这会造成皮革干涩，严重时甚至出现色裂现象；添加水性柔软剂可使皮革里的纤维层饱满，使皮革在染色后一样保持原有的弹性，至于软、硬皮革添加的水性柔软剂比例不同，是依据所要呈现的质地不同而做的调整。

关于皮革用浸透剂

属特殊混合界面活性剂，添加在染剂里可使染料和水能更平均扩散至皮革表面，达到色泽均匀的效果。

调配好的染料用平刷蘸取适量，横向刷染皮革表层，刷完后需以直向再刷一次，这样做可消除涂抹的痕迹。

POINT

染剂刷染的次数不限，上色均匀后即可停止，染完后放置待干透再使用；注意不可放在太阳下晾干，会造成皮革变色。

染色后效果

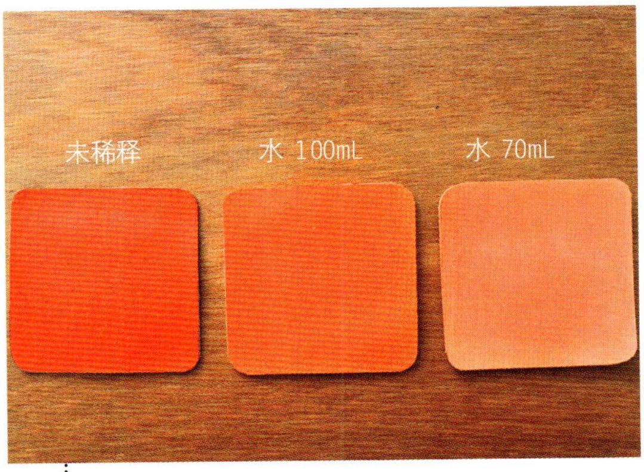

染剂用不同比例的水稀释后，呈现的颜色各自不同。

b 油质染料的用法

定色乳液 5mL + 油质染料100mL + 牛脚油 20mL

Step 1 用刮勺辅助将油质染料倒出来。

POINT

放置油质染料的容器必须事先洗净晾干，不可残留水分，以免影响染料的保存期限。

Step 2 将牛脚油倒入盆内。

Step 3 ↓

最后加入5mL定色乳液。

POINT

如购买的油质染料较浓稠，可增加乳液的用量，基本上以1mL为单位来进行递增调配。

Step 4 ↓

把染剂搅拌均匀，调配好的油质染料质地要像溶化的冰淇淋的状态才算完成。

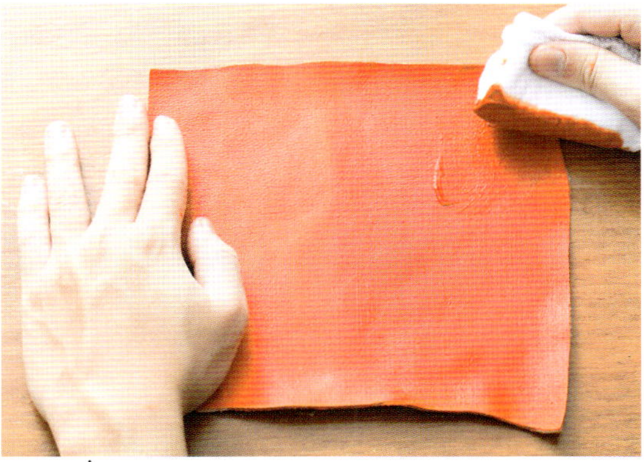

Step 5

拿出已染完水性染料底色的皮革，用棉布蘸取适量的油质染料，以打圈的方式均匀涂抹在皮革上，完成之后需再拿一块干净的棉布，以来来回回的方式做抛光。

POINT

要实实在在地做抛光，皮革染色的质感才会显现出来，也才具备相当的色牢度。

染色后效果

染完的皮革呈现柔软饱满的质感和淡淡的光泽。

基础染色——水性染料及油质染料

材料

酒精性染料

油质染料

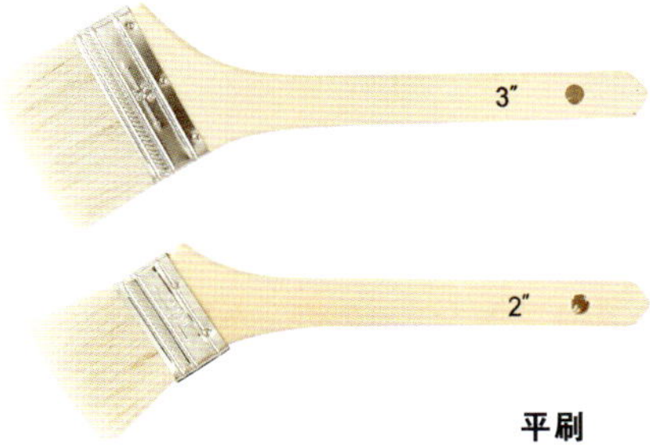

平刷

a 水性染料

单纯使用水性染料的话，一般可用棉布或平刷进行染色操作。

POINT

因水性染料颜色较为浓艳，所以在上色时须注意染料用量及操作力道，以免造成染色不均的状况。

不同底色的皮革，即使染料颜色相同，染出来的颜色也会因底色不同而显得整体色调不一样。

POINT

制作者在选择要染色的皮革时，须预想要呈现的质感，再挑选合适的皮革。

b 油质染料

可使用棉布或蜡染刷进行油质染料的染色操作，上色时，以均衡的力道和统一的方向来操作。

图中左边皮革用水性染料为底色，右边皮革没用水性染料为底色，它们都使用了油质染料做覆盖染色，但所呈现的颜色及质感有很明显的不同。

POINT

一般除了雕刻后需要使用油质染料外，油质染料较少单独使用。因为油质染料最大的用途是覆盖皮革上的毛细孔，以取得皮革整体染色的饱和感。选购染料颜色时，应把握水性染料及油质染料需搭配相同色调使用的原则。

基础染色——正反面皮条染色与定色

材料

3cm皮条

牛脚油

小平刷

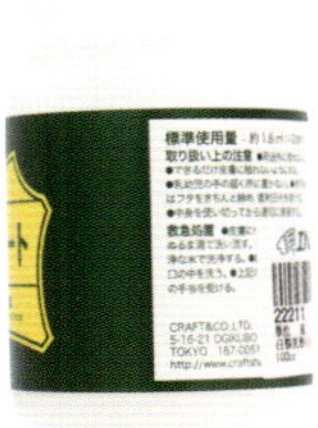

定色乳液

皮革亮油

Step 1

皮条正反面染完色后，以小平刷蘸取牛脚油，来回刷在皮革表面。图中皮条右边为牛脚油被吸收后的皮面。

POINT

因皮条较为厚实，所以上色后需要更多的油脂来滋润皮革，以免出现僵硬及龟裂的现象。

Step 2 ↓

上完牛脚油后，再在皮革表面涂抹定色乳液，做最后的定色处理。

POINT

定色乳液涂抹一到两遍，颜色会较为牢固。

Step 3 ↓

皮革反面定色时，需先均匀涂抹床面处理剂，再使用滚轮把皮革纤维压紧实。

Step 4

最后一道定色处理，使用皮革亮油在皮革反面均匀喷洒；待干后，再重复喷洒一次，以保持反面颜色不会掉色。

POINT

在处理染过色的皮革毛面时，若没有好好落实定色的步骤，会造成掉色的情况，因为皮革毛面层纤维粗糙，上色后较容易脱色。只有运用正确的程序及保护剂，才能轻松处理棘手的皮革毛面。

染色后效果

图中上方为处理好的皮革毛面，可以看得出皮革的紧实度与光泽。

特殊染色剂——压克力染料

材料

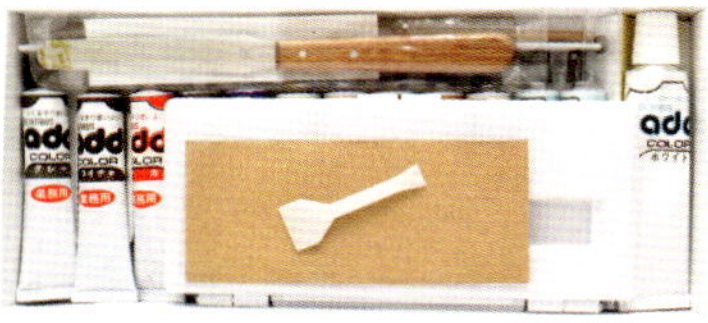

压克力染料

小依纹笔

小圭笔

压克力染料覆盖性强，如需在皮革上作画或进行装饰点缀，压克力染料是最好的选择。

皮革染色总结

制作者常担心染色需要艰深的技巧，因此望而却步，其实如果分成多个步骤来梳理，染色就会变得轻松。

1 挑选皮革：构想好包包想表现的质感，再来选购适合的皮革。

2 选择颜色：如果要使用水性、油质染料搭配染色，可以挑选相同色系的染剂，并预想染完的效果。

3 挑选辅助剂料：预想好皮革想呈现的质感，再选择要搭配的辅助剂料，达到理想状态。

4 选择定色方式：各式定色剂如定色乳液、防泼水剂、亮油等皆有不同的表现效果，配合适当的定色剂使用会让染色效果更加突出。

皮革染色注意事项

1 所有染色后的皮革成品或半成品，皆须做定色处理，避免脱色及污染。

2 上述染色方式及各式比例为参考值，开始制作时可先做测试，再染色。

3 所有染色方式染出来的成品颜色都会因为使用及时间“淬炼”，渐渐产生颜色上的变化。

皮革边缘修饰

制作好成品后，最后一道工序就是修饰打磨毛糙的边缘，因为在制作过程中，边缘密合时往往会产生些微的落差，只要重复几次打磨的工作，就可克服这个问题，让皮革的质感更加显现。

刨削边角与打磨上油

材料

1.2号削边器

木制修边器（磨缘棒、磨缘器）

研磨片

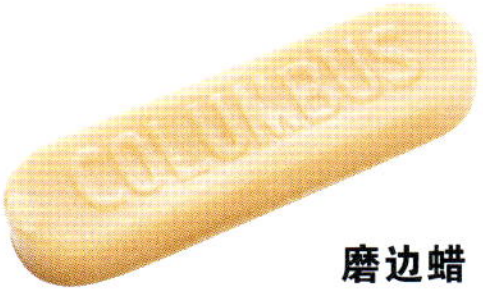

磨边蜡

床面处理剂（无色）

亮光边油

平光边油

a 床面处理剂磨边

Step 1

削边器开口抵住正面皮革边缘，并以45°角顺势往前推削。

POINT

须注意削侧边时不可太使力，以免造成边缘歪曲。

Step 2

再用研磨片轻磨削完的皮革边缘，尽量修饰平顺。

POINT

如在削边时不小心操作失误，造成边缘歪曲，可在这个步骤修磨平整。

Step 3

磨平后，打磨前需先蘸薄薄的水将边缘打湿。

Step 4

用木制修边器选好适合的刻度，打磨边缘至光滑。

POINT

须注意打磨时，不要太使力，以免边缘变形。

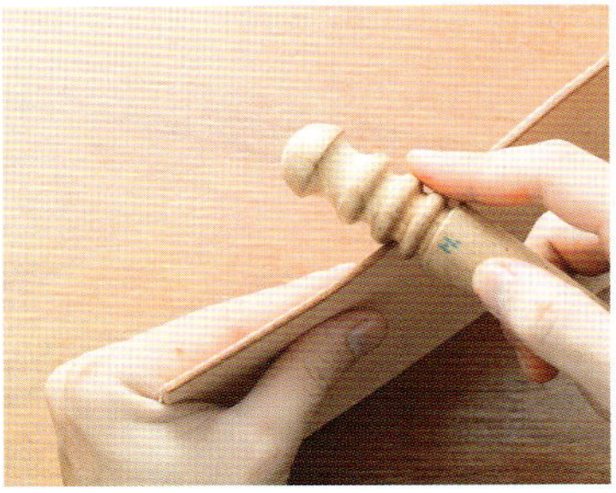

Step 5

这时再蘸薄薄的床面处理剂涂抹在皮革边缘，使用木制修边器打磨直至抛光为止。

Step 6

处理后的边缘呈现圆滑光亮的质感。

POINT

我们可以从图中观察到，从削边到打磨的每个步骤都发生了明显的变化，图中最下方皮革边缘为染色后打磨的效果。

b 加强边缘修饰

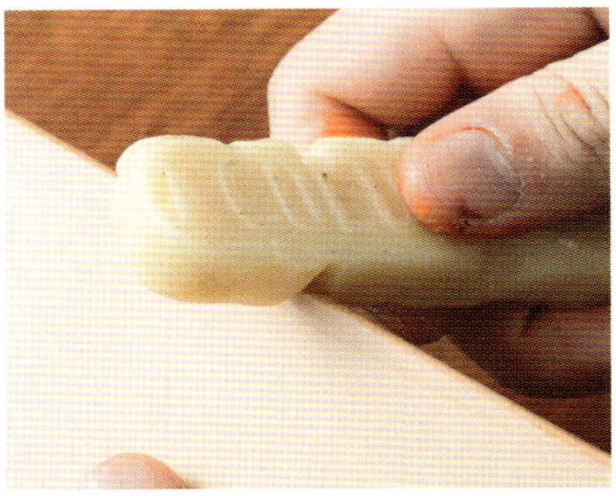

Step 1

打磨完的边缘，再使用磨边蜡反复擦涂。

Step 2

处理后的边缘呈现圆滑光亮的质感。

POINT

上磨边蜡时，因蜡质较硬，切勿太用力，以免边缘变形。
上蜡抛光的步骤需重复二三次，直到边缘达到最理想的状态。

Step 3

上图的皮革缝份边缘还未处理；下图为打磨完后，明显看不到皮革夹层，且边缘光滑紧致。

c 使用亮光边油

Step 1

将亮光边油的压头嘴靠住皮革边缘轻轻涂抹。

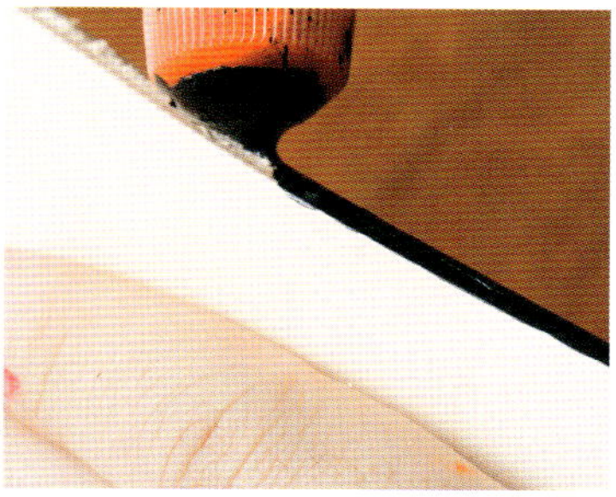

POINT

注意涂抹时切勿挤太多，以免弄到皮革正面。

↓

Step 2

图中为无色透明及黑色亮光边油呈现的效果，皆有光亮的质感。

d 使用平光边油

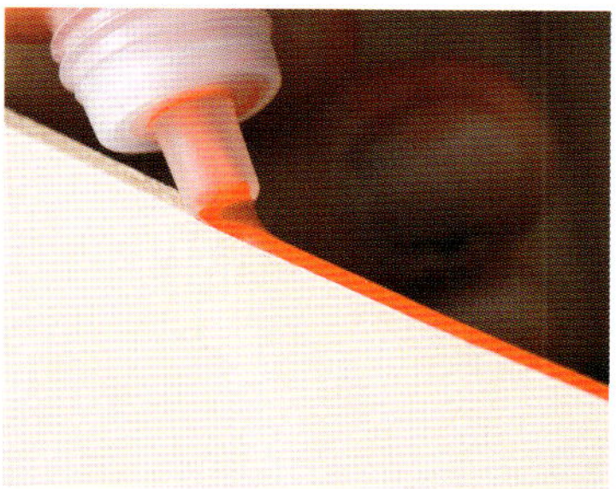

Step 1

压头嘴靠住皮革边缘，慢慢挤出平光边油。

↓

Step 2

待边油完全干后，拿出研磨片轻磨边缘。

POINT

磨边时无须将边油完全磨掉，只需轻轻平磨即可，上油磨边的步骤需重复二三次，让边缘达到最理想的状态。

↓

Step 2

处理好的边缘平滑饱满。

✂ 皮革包边收尾

材料

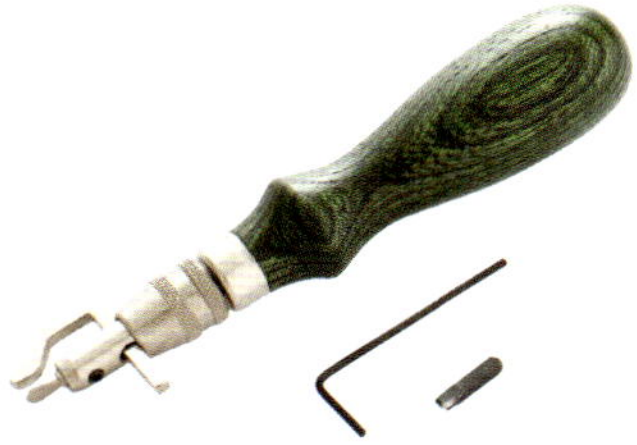

线引器

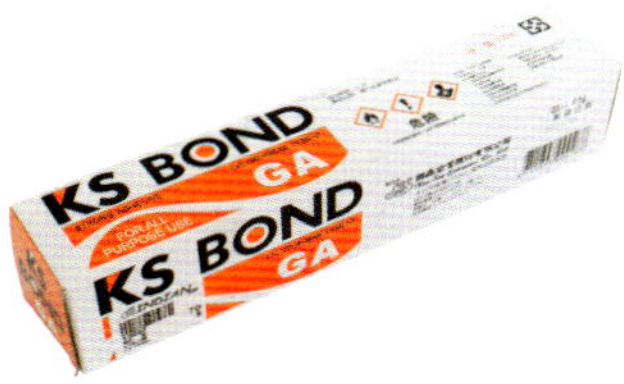

强力胶

上胶片

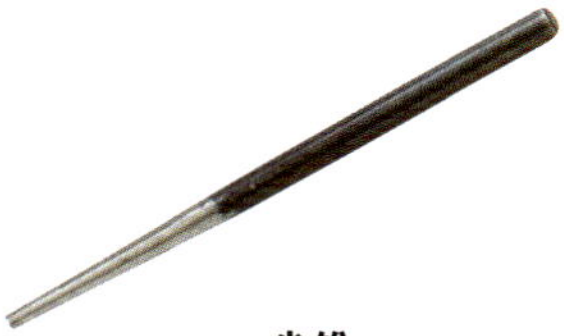

尖锥

包边皮条：2cm宽、1mm厚

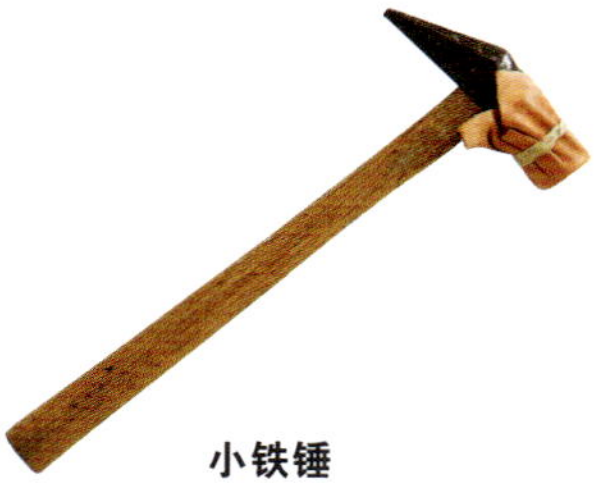

小铁锤

Step 1

线引器调到0.8cm宽，在要包边的地方画好记号线。

POINT

在此以2cm宽皮条做包边示范，因为包边条需要对折贴于皮革上，所以需在皮革上先划好0.8cm的记号线，作为粘贴位置（切勿上胶超过0.8cm，以免胶水渗出粘贴范围）。

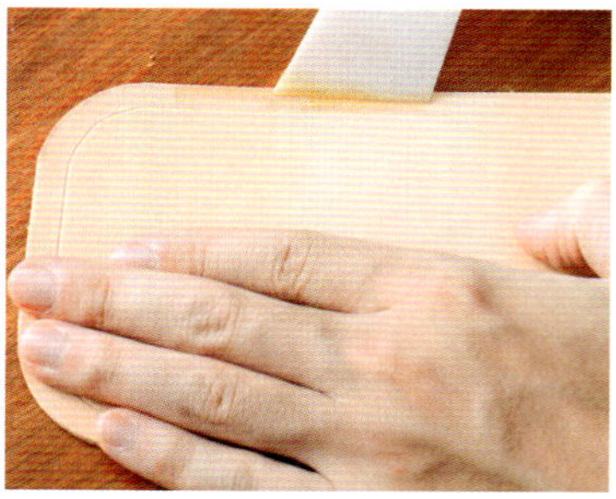

Step 2

用上胶片蘸取适量强力胶，涂抹于皮革正反面。

Step 3

包边皮条也须上胶，半干后沿着先前画好的记号线依序粘贴。

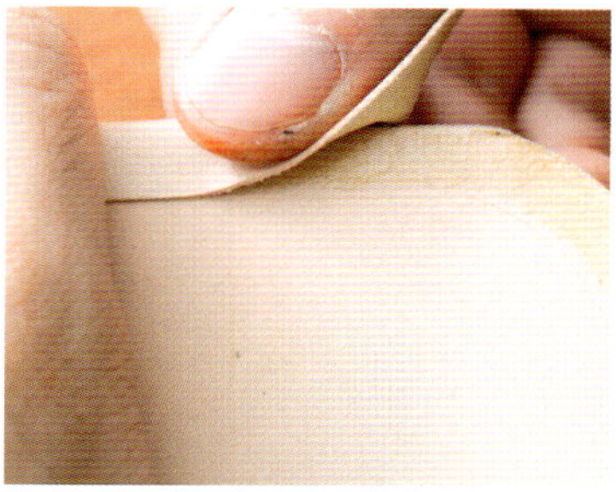

Step 4

粘贴遇到转角时，切勿顺着贴完；如图直线处贴好，转角处的皮条先不贴。

Step 5

拿出尖锥，从转角中央往下压线贴合起来。

POINT

压线时切勿使太大的力气，以免弄破皮条。

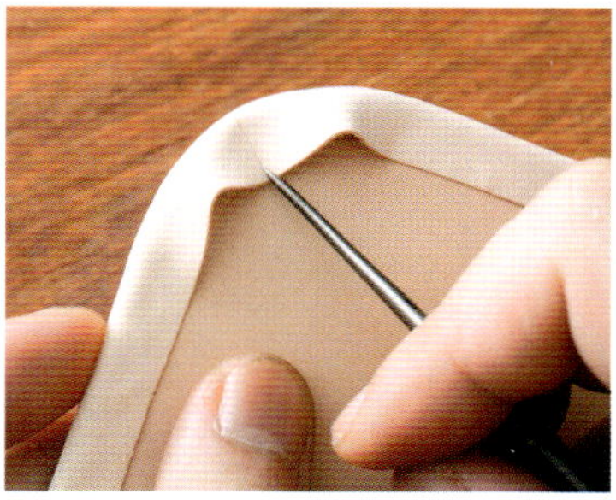

Step 6

再以中央为基准线，将左右凸起皮条再进行对半压分。

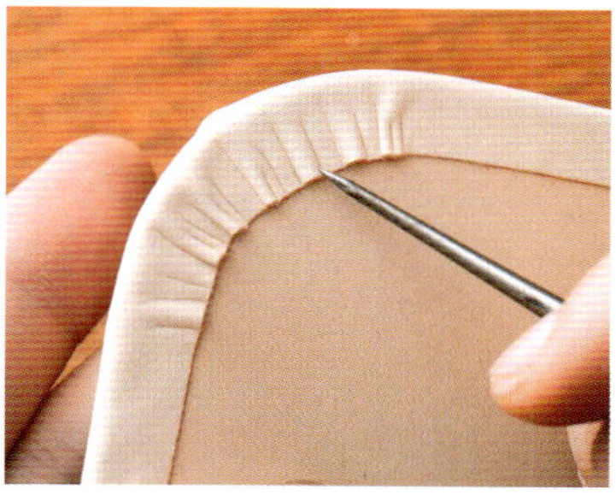

Step 7

依序将皮条细分如图。

Step 8

压分好的转角会产生很多小褶皱，这时使用皮锤轻轻向外锤打皮革面，直到平顺。

POINT

范例中使用的皮锤由铁锤前端包一块薄薄的皮革制成，可以自己做一个。

Step 9

拿出间距规，在皮革边缘画出打孔距离，并打好孔。

Step 10

完成后的样子，呈现精致的包边质感。

皮革清洁

材料

皮革清洁皂

干净棉布

Step 1

取出皮革清洁皂的内附海绵，稍微打湿后蘸取适量的清洁皂。

Step 2

清洗皮革前，皮革无须打湿，用海绵以来回画圈的方式刷洗皮革表面。

Step 3

清洗完后，再拿出打湿的棉布把多余的泡沫擦净即可。

POINT

擦拭用的棉布不可太湿，以免造成皮革变形。

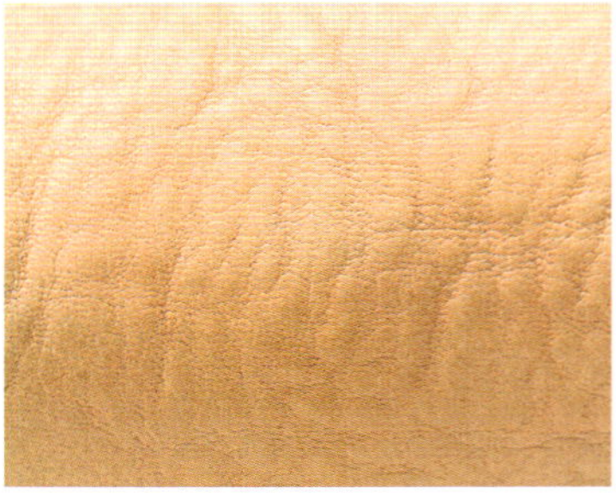

Step 4

上图为清洗前，下图为清洗后。

POINT

皮革清洁皂适用于大多数皮面革，但绒毛面革如麂皮、磨面牛皮、绒面绵羊皮等不适用。

清洁完待干燥后，记着要擦保养油喔！

贴合

贴合时有不同专用胶可使用，但制作者的问题是常不清楚何时该使用何种胶水，错用胶水会导致皮件成形后产生僵硬或不牢固的现象。其实胶水的种类不多，只要依着步骤使用适当的胶水，就能使皮革质感更加分。

双层皮革对贴——皮革用浓度白胶

材料

浓度白胶

上胶片（大）

美工刀

Step 1

如作品是需要两片皮革对贴，需先将皮革边缘以0.3cm宽度刮除，备用。

POINT

刮除的范围，视作品实际所需宽度而定。

Step 2

上胶片蘸取适量浓度白胶涂抹于范围内。

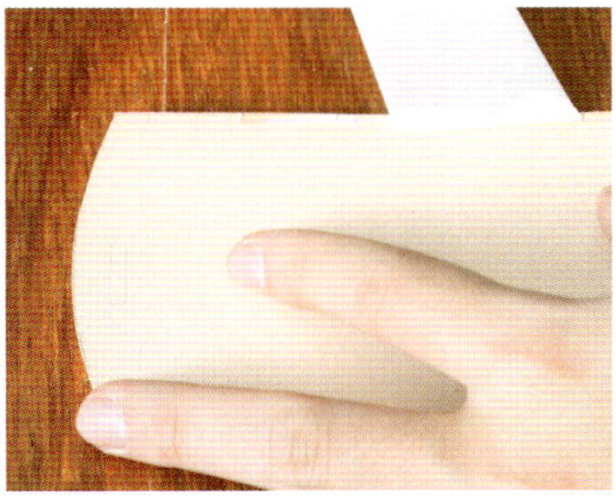

Step 3

粘贴完成后，使用滚轮轻压，让对贴的地方更紧密。

POINT

压合时切勿太用力，以免变形。

✂具有弹性的胶——橡皮胶应用

材料

橡皮胶

上胶片

Step 1

上胶片蘸取橡皮胶涂抹在皮革反面，涂薄薄一层即可。

Step 2

对贴的麂皮也上薄薄的一层胶。

POINT

此步骤是用麂皮示范的，因为大部分皮革包需要制作内里时，通常采用麂皮作为素材。若是使用其他皮种制作内里，处理方式也相同。

Step 3

将皮革以弧形方式慢慢粘贴在里皮上。

Step 4

再以滚轮轻压皮革面，让粘贴更紧实。

TIPS 溢胶时如何应变？

贴合时，会经常出现胶水沾染到皮革表面的状况，此时不要慌乱，只要善用手边工具及正确的方式即可有效处理。

贴合时溢胶

贴合时如遇到胶水从贴合层溢出，无须慌张，先用干布将溢胶擦除（注意擦除时勿沾染到皮革表面）。此时边缘会剩下一些残留的胶，可待胶水干固之后用尖锥将剩余的胶剜起，再以旋转的方式将胶质拉起来去除，之后可再用木制修边器轻磨边缘，达到更干净的效果。

表面沾到胶

如表面沾到强力胶，可先用手指将多余的胶沾起（注意沾除时勿扩大沾染面积），待强力胶半干后，再用去胶片轻轻擦拭去除。

贴合部位需要很牢固时——皮革用强力胶

材料

强力胶

上胶片(大)

美工刀

Step 1

皮革边缘需要反折的地方涂上强力胶，反折下的位置也需上胶。

POINT

强力胶的使用方式很广，为胶水类里最牢固的涂料。基本使用方式：如皮革需要对贴，则上胶的地方两面都要涂抹，胶质不需太厚即可达到牢固的效果。

Step 2

大拇指往内侧推，再往外顺势贴合。

Step 3

贴合完可用滚轮轻压贴合面，使贴合更紧密。

手缝步骤

手缝是指先利用菱錾打缝孔，再将缝线穿过缝孔进行缝制的工作。虽然是很单纯的步骤，但必须从一开始就按照一定的工法和顺序，才能取得漂亮的缝线效果。打缝孔的方式和工具也有很多种，可依照不同需要灵活运用，如此就能更加准确地打出漂亮的缝孔，线迹也能更规整。

A 麻线手缝步骤

划出线距

手缝最基本的步骤是打缝孔，打缝孔前首先要划一条顺着皮革走的标准基准线，让菱錾能依线打出缝孔。

材料

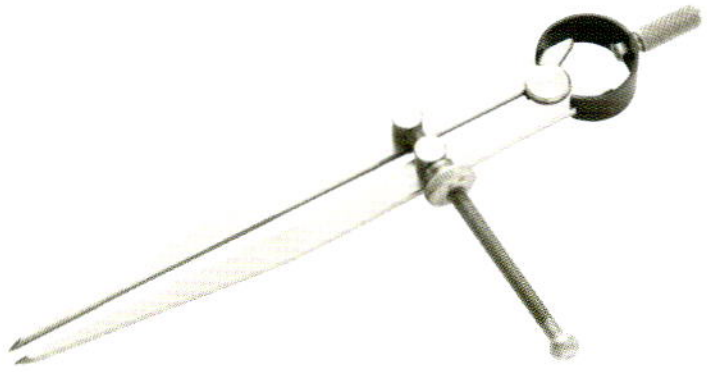

间距规： 划出打缝孔基准线的工具

Step 1

缝孔安排在距皮革边缘4mm的位置，将间距规靠着尺子量出4mm。

POINT

缝孔与皮革边缘的距离并没有一个铁定的标准，2mm以下或是只有单片皮革的情况下，可以调整成3mm使用，3mm用4mm的距离，3mm以上可依照厚度拉宽距离至5mm。

↓

Step 2

将间距规抵着皮革的边，往内侧划出4mm的基准线。

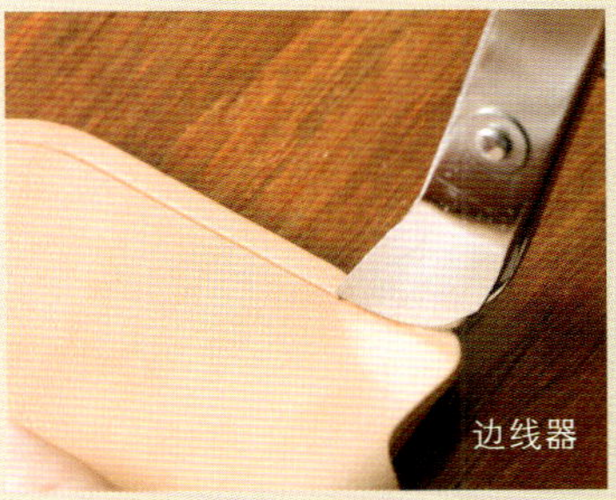

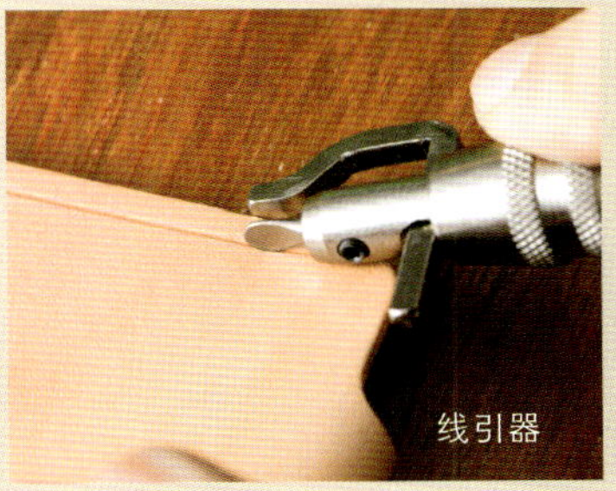

↓

Step 3

基准线也可以使用边线器或线引器划出。

用菱錾打出缝孔

一般市售半成品多为圆形缝孔，为了让手缝针脚呈现规则的斜度和美感，需要带有斜度的菱形缝孔，因此要使用菱錾来打出缝孔。

材料

菱錾：有单菱錾、双菱錾、四（六）菱錾等三种规格，可依据需要来选用

POINT

打的力道只要能穿过皮革就好，若打太重会导致缝孔过大，打太轻针穿不透。

Step 1

以此作品为例，先要由外侧抵住基准线中央，用菱錾轻压出痕迹，这样才能确认出第一个缝孔的落下位置。

Step 3

拔起菱錾时可左边轻轻抬高，再换右边抬高，这种方式较好拔出。

Step 2

打菱錾时注意握法要居中，打出来的缝孔才会不偏移位置。

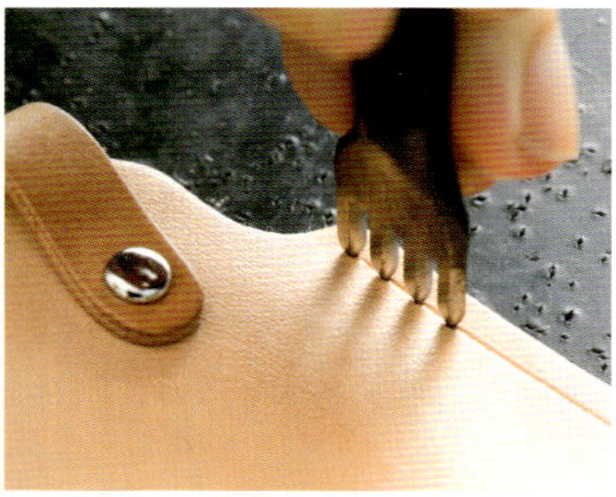

Step 4

以抵住上一个缝孔的方式接续往下打，切勿以目测方式打孔，目测距离一定会有误差。

正确的

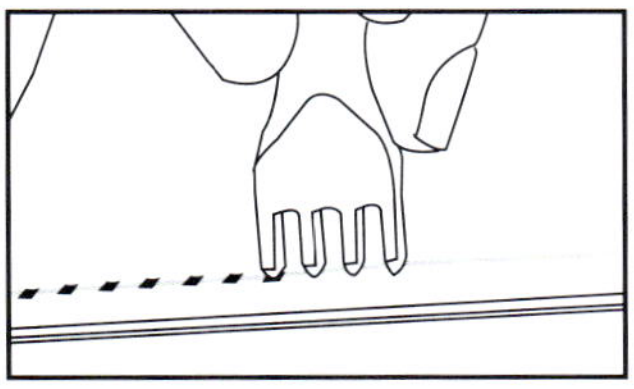

错误的

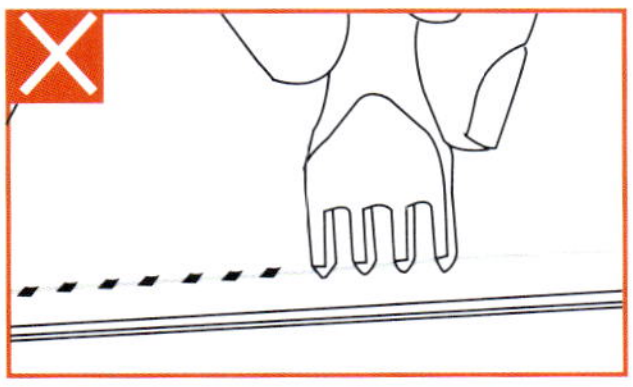

POINT

此时请使用尖锥调整每个缝孔的间距，确认后用单菱錾打完剩下的缝孔，这样第一个缝孔和最后一个缝孔之间的距离不会那么突兀。缝孔的距离进行微调后比较均衡，可以呈现更完美的效果。

Step 5

若是抵着基准线中央打，缝孔就会居中在基准线上。

错误示范

使用单菱錾时，请注意使用的方向要与前面的缝孔一致，图示为错误打法，可以明显看出缝孔与前面缝孔方向不一样。

Step 6

遇到转弯或有弧度的地方，请用双菱錾来打缝孔，就能打出漂亮的弧度。

POINT

打缝孔到剩下约10cm时，请由最末处往回打，在5cm的距离时用菱錾压出缝孔间距，此时会发现最后落下的位置间距较窄，这是因为最后需要打缝孔的地方的长度不一定与菱錾的间距吻合。

POINT

在遇到转角时，注意这时候就不需抵住上一个缝孔打下去，可以先抵住后轻压痕迹，然后按痕迹落到下一个缝孔上再打。如果不假思索就抵住上一个缝孔打下去，会造成角落缝孔重叠的错误。

POINT

如果是需要立体制作的作品，或是比较厚已超过菱錾打入高度的操作面，可以在皮面那片先打缝孔，再用剑形钻孔器依据皮面的缝孔穿洞。

不同宽距的菱錾与缝线缝制的效果

由左下图可看出，以各种宽距和由细至粗的缝线缝制的效果。如果皮革薄，菱錾打出的缝孔就会比较浅也比较小，因此选细的麻线来缝制。反之厚的皮革由于菱錾打出的缝孔深，所以缝孔会变宽变大，在缝孔的压缩之下，孔距也会变小，因此适用粗的麻线。虽然并没有硬性的规定，但在选择菱錾和缝线时，最重要的考量是所要缝制的皮革厚度。

菱錾与缝线缝制效果图

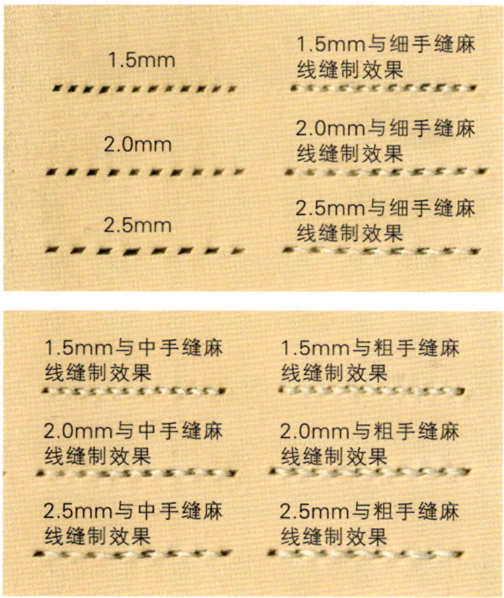

POINT

一件作品所耗缝线的长度大约是缝制距离的3.5~4倍，缝制较厚或较小的作品时，缝线最好预留长一点，但最长不要超过两手臂张开的距离。

麻线上蜡及穿针

一般麻线分为粗、中、细三种规格，本次使用中麻线来做示范。基础麻线是没有上蜡的，但会因此有起毛、松脱的情况发生，使得缝线看起来不太漂亮。以下将示范如何给麻线上蜡，以及与一般针法不同的穿针方式。

材料

麻线： 有各式粗细规格，请依照菱錾的尺寸和需要的效果来选择

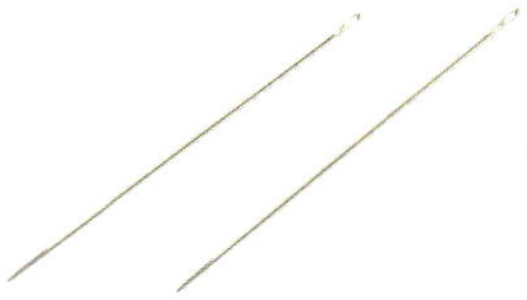

丸针2支

线蜡

a 如何上蜡

Step 1

将麻线前端解开，并用美工刀削薄约10cm。

↓

Step 2

削薄后将线蜡压住麻线，夹住后开始拉线，可重复多次，记住每个部分都要上到蜡。

↓

Step 3

由于已将线刮薄，再用手使劲揉搓就可以将前端搓得很细，这样就能很轻松地穿针；使用粗麻线时请特别注意这个步骤。

↓

Step 4

图示为未上蜡和已上蜡的样子比较。

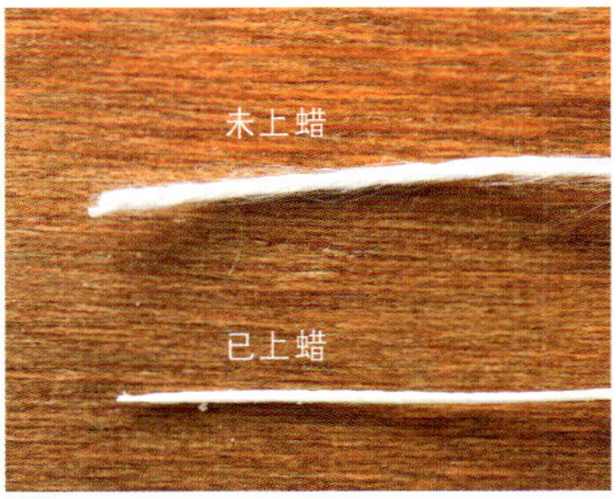

b 如何穿针

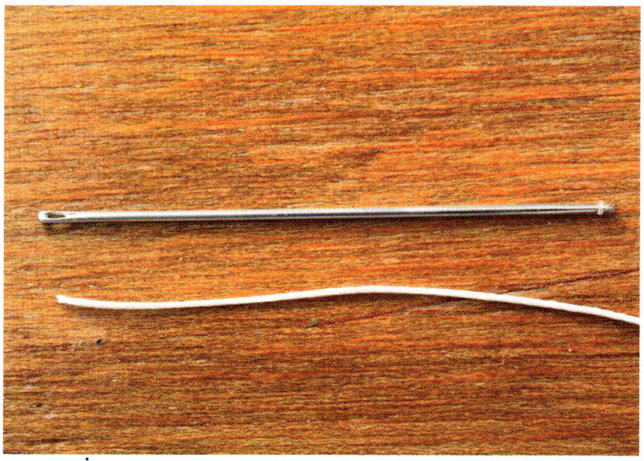

Step 1 ↓ 首先将麻线如图量出与针一样的长度。

Step 2 ↓ 缝针穿过刚量出的麻线距离末端。

Step 3 ↓ 往上如图示的距离再穿过针。

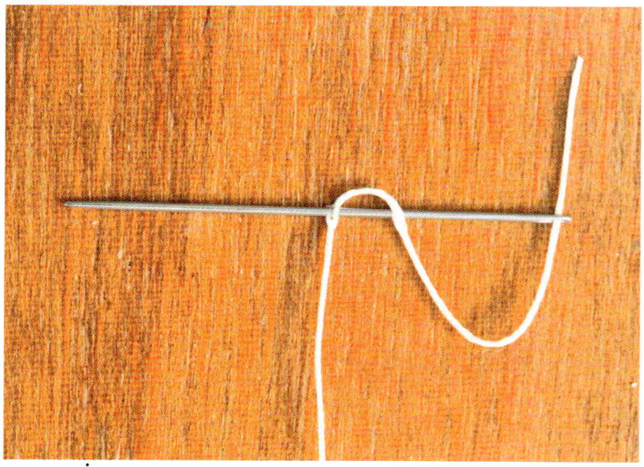

Step 4 ↓ 线头的部分穿过缝针的孔。

Step 5 将距离缩短。

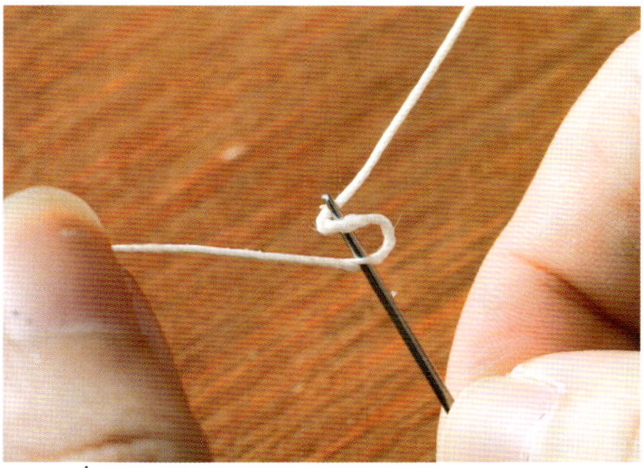

Step 6 用手捏住针，另一只手捏住线长的那头。

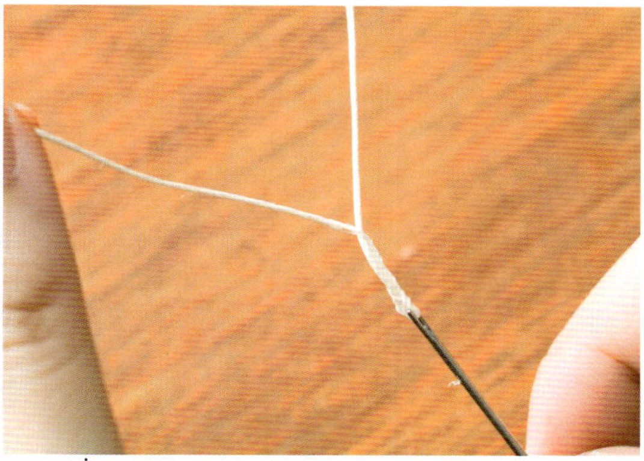

Step 7 直接往上拉后就会像图示一般，这样在缝制过程中就不会有针脱落的情况发生。

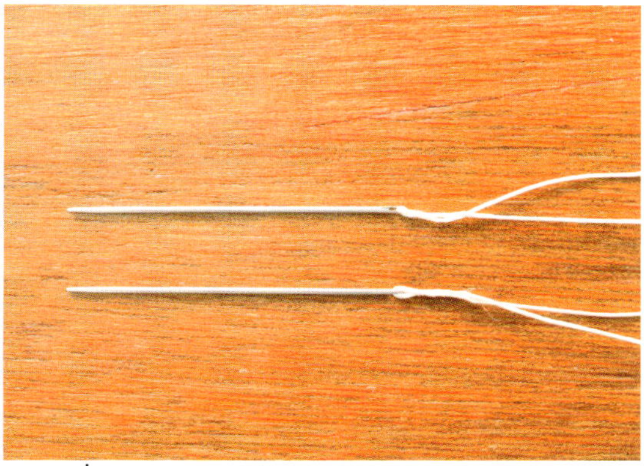

Step 8 同样的方式在另一端也穿针，如图变成缝线的两端都有针，也就是双针缝的穿针法。

起头回针的方法

在进行手缝时，若有手缝夹皮器会更便利，它的作用是能够把作品固定住，这样操作者的两只手就能专注在缝制上，不用另外腾出手去固定作品。

材料

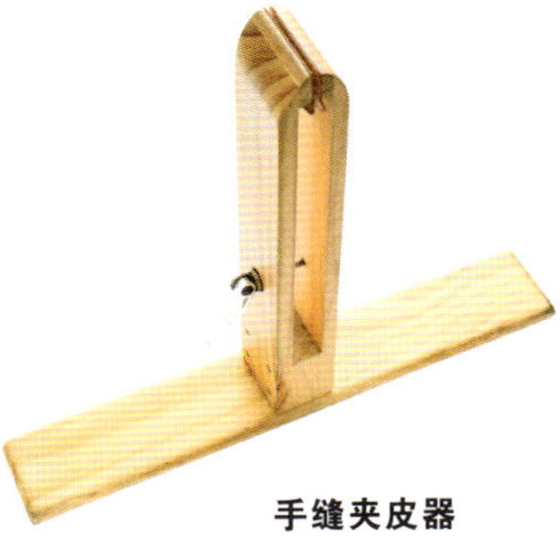

手缝夹皮器

Step 1

由于这个作品起点在开口处，需要回缝两针来做加强，首先将两边缝针一起穿过缝孔。

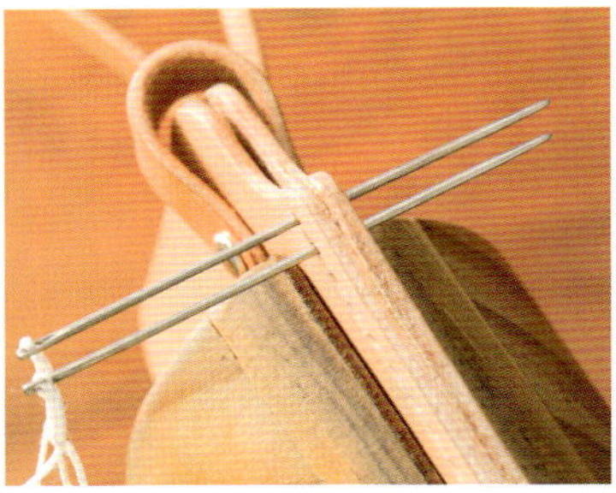

Step 2

拉至服帖状态，这样两边的缝线长度就会相等。

Step 3

以皮革作品的正面为每次缝一个缝孔的开始，每个缝孔都要“去+回一次”为完成一针。此时“去”的针已经从皮革正面穿过，接下来就是如图示“回”的针，针要置线下、往前穿过刚才的缝孔。

Step 4

穿过后把缝线往两侧拉紧，注意力道不可过大或过小。

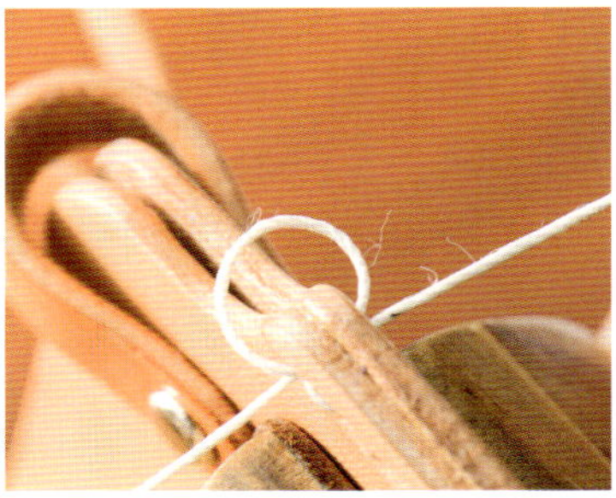

Step 5

如图示，左边的缝针穿过缝孔，此动作可将开口处的皮革固定住。

Step 6

同前步骤再穿一次做加强。由双线固定开口处，往后在使用过程中就不容易出现松动的状况。

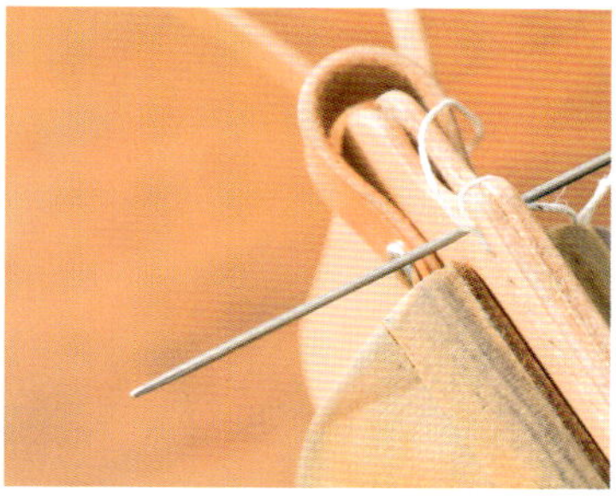

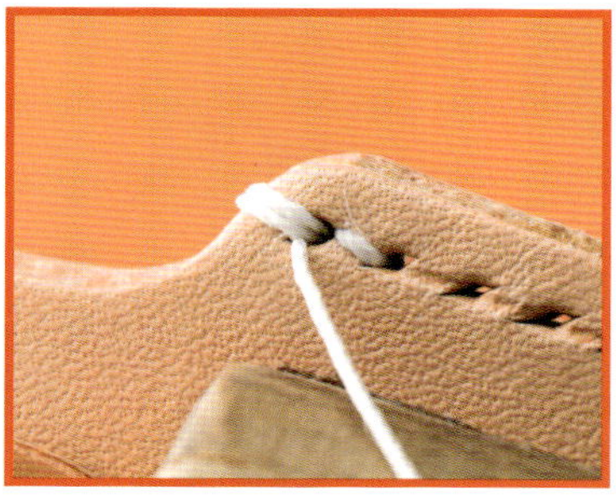

Step 7

缝针往下一个缝孔穿过，此步骤就是“去”的针。注意要让缝线看起来是双重并排的模样，不要任意倾斜或是穿到缝线上。

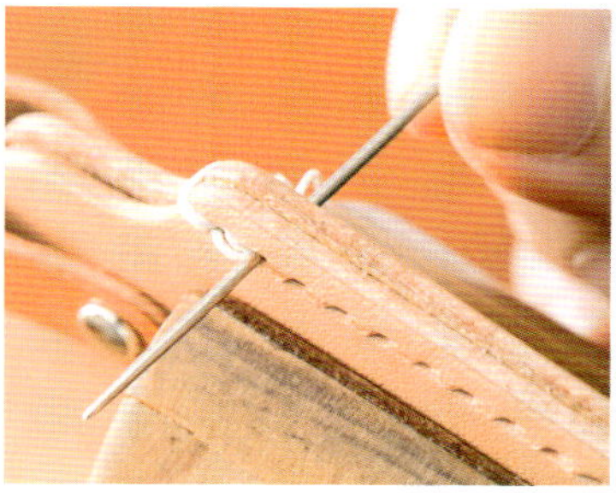

Step 8

缝针再从作品右边（反面），同上一针的缝孔再穿回来，此步骤就是“回”的针，一去一回后才算完成一针，如此就完成两针回针的步骤。

一般平缝的方法

回缝完开口处，接着就以平缝继续缝制。

Step 1

缝针从左边（正面）穿过缝孔。

Step 3

缝线穿过之后，就能清晰看见穿线的方向。

Step 2

将右边（反面）的缝针如图示位置穿过和刚才相同的缝孔。

Step 4

从两侧拉紧缝线后，如果是正确的平缝方式，缝线就会依着菱錾的形状呈现同样的斜度。

收尾的方法

Step 1

最后一个缝孔缝完后，由外绕两圈的方式回缝。

Step 2

同样方法绕两圈，拉紧完成双回针，注意缝线并列不要重叠。

Step 3

再往回缝一针做加强。

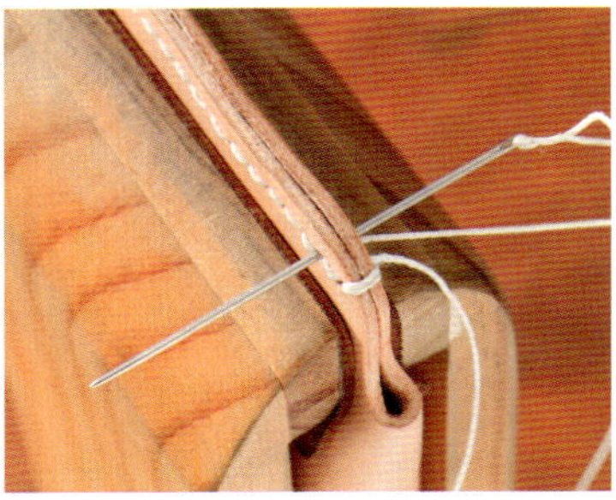

Step 4

在回缝第二针时，将先前缝合都是在下的缝线绕过另一条缝线，穿进同一个缝孔。

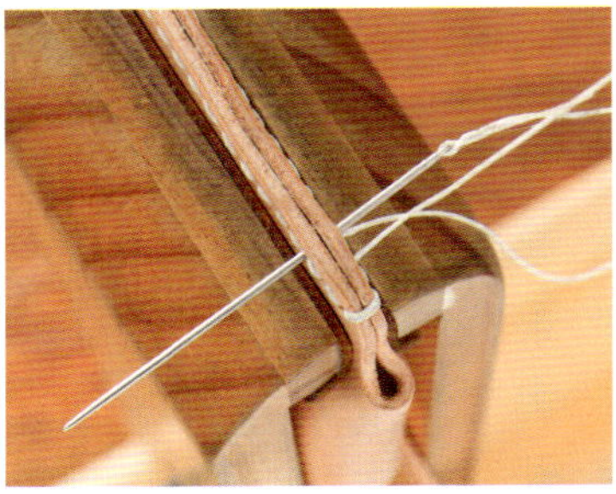

Step 5

慢慢拉紧后会变成一条缝线形成一个环，圈住另一条缝线的样子。

↓
Step 6

拉至最近，会变成像一个小圈的线结，此时在线结内缘涂上白胶（可用小锥子或缝针蘸取白胶）。

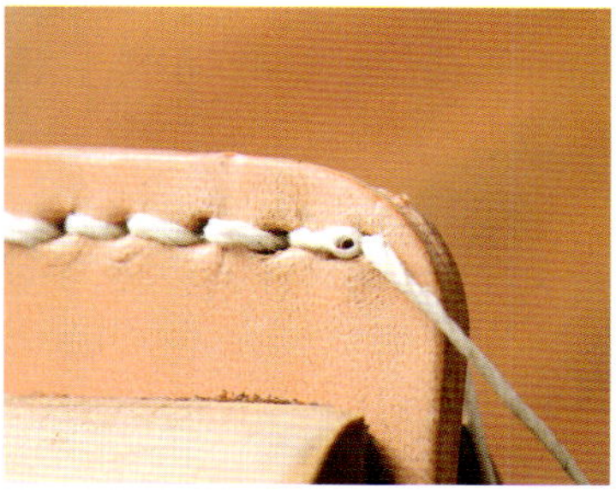

POINT

在回针时如果不注意就会穿到线上，这样回缝的线会不美观。

↓
Step 7

将缝线往左右两侧拉紧，如此就能确实固定住缝线收尾，最后把多余的缝线剪掉。

POINT

在作品左边（正面）缝制时确认穿过的是两线中间的缝隙，这样从右边（反面）针穿过去时就不会穿到线上了。

↓
Step 8

把线头用缝针或尖锥塞进缝孔，蘸取一点白胶固定即可。

POINT

若不小心沾太多白胶，可用蘸水的棉布擦去，注意要立即擦去不可停留。

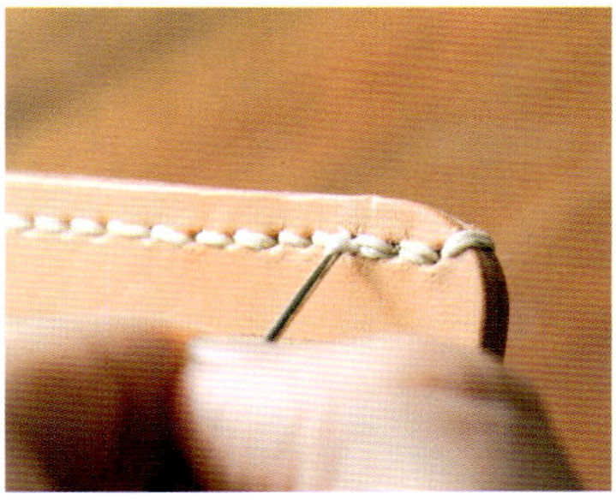

↓

B 手缝工具、材料应用

除了使用菱錾之外，缝孔还可以使用间距轮和菱形锥钻出，为了让间距轮有可依据的沟槽向前进，需要先使用挖沟器挖出沟槽。

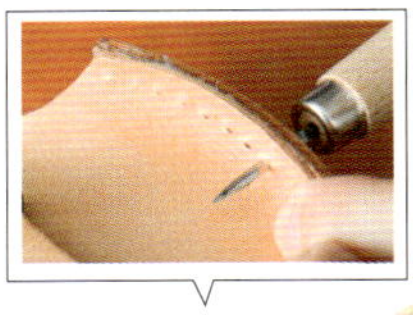

工具

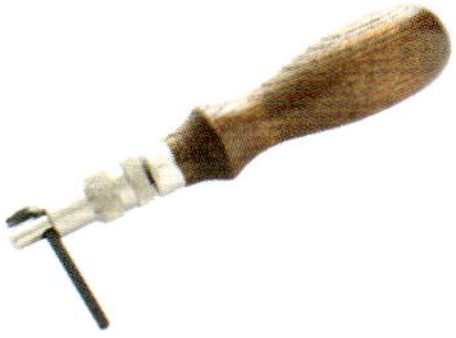

挖沟器：用来挖出沟槽

间距轮：配合缝孔的宽度，有三种尺寸的轮轴可替换

打火机：缝线收尾用

菱形锥：钢材制造，可轻易穿透皮革钻出缝孔

用挖沟器挖出缝线沟槽

Step 1 用尺子量出3mm的距离后，以挖沟器挖出缝线沟槽。

Step 2 挖沟器要保持服帖着边缘的角度，往下拉。尤其是有弧度的地方特别容易跑掉，一定要注意保持角度正确。

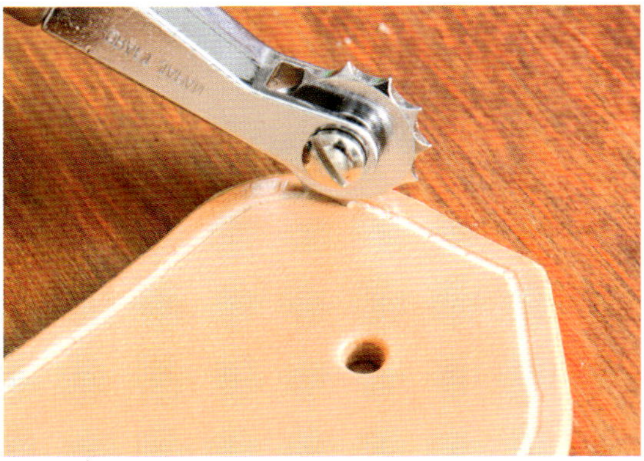

Step 3 以一个角落为起点，将间距轮放置在沟槽中间的位置，往前推压出缝孔的间隔。

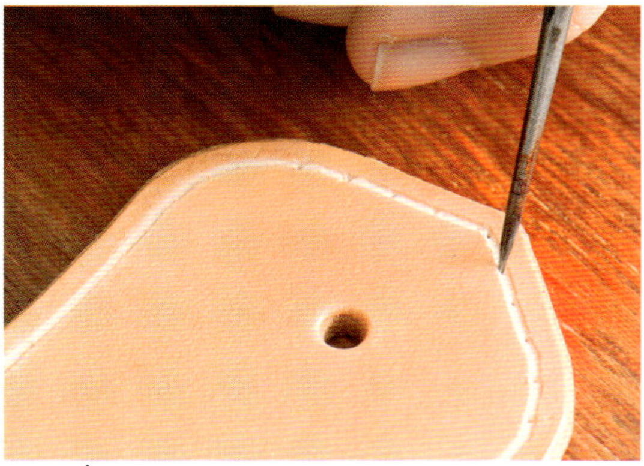

Step 4 如果遇到最末端线距不一致的情况时，可以用尖锥在剩下约5cm的距离调整间距。

使用菱形锥钻出缝孔

Step 1 使用菱形锥时，底下要垫柔软的橡胶或海绵垫，才不会在使用过程中使菱形锥的锥刃毁损。

Step 2 握住菱形锥握柄，以垂直的角度刺入皮革，务必保持一定的方向，一直到钻完全部缝孔。

牛筋线的缝制方法

牛筋线原本是用动物肌腱做成的天然缝线，但后来都是以化学纤维材质来取代了。由于这种线质感特殊，且无法应用于车缝机，因此广受手缝界喜爱。不需要再涂蜡、不会起毛是其最大的优点。

工具

牛筋线： 特点是不会起毛，而且可以自行分成需要的粗细来缝制

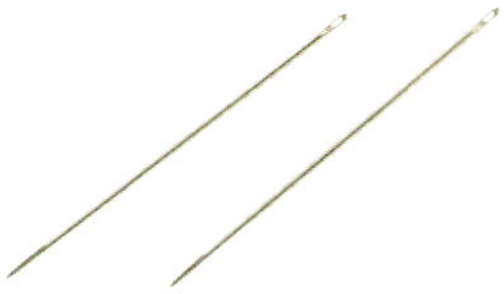

丸针2支

Step 1

先将牛筋线慢慢撕开，就可以找出分界点。

Step 2

可将线齐分为2等份和3等份的粗细来使用，依照个人喜好来决定要选哪一种粗细。

→

Step 3

揉搓缝线让它密实，之后穿针，方法同麻线的穿针法。

↓
Step 4

缝制的起点没有一定，原则上建议选择不是弯曲处，不会拉扯也就是非受力点同时又较不明显的地方开始。两支针一起穿过去。

↓
Step 5

同时穿过缝针后，右边的缝针穿过第二个缝孔。

→

↓
Step 6

由左右两侧拉紧缝线后，如同麻线的做法，从左边穿过缝针，右边再穿过同一缝孔拉紧。重复一样的步骤到缝完。

牛筋线的收尾方法

Step 1

缝制完再往前缝，重叠一个缝孔，预留约2mm的长度后剪掉多余的牛筋线。

POINT

如果线头预留太长，收尾烧过会不好看。

↓
Step 2

用打火机烧化刚预留的2mm线头后，马上贴住缝孔压扁线头尖端。如果烧过头会焦黑也会伤到皮面，请特别注意。

→

皮线编织

皮线编织也称皮线缝，是一种将皮革裁切成细细的皮线后，运用皮线在作品周围以各式花样编织而成的包边工作。原本早期在皮雕中，皮线编织就是最基础也最能展现皮革工艺的技巧。皮线缝的方法有很多种，这里将介绍三种最常用也最实用的方法。

材料

床面处理剂：使皮线平整服帖

木制修边器：配合床面处理剂加压修磨

皮线：本次示范使用3mm皮线

皮线针

铜圆皮线针

两款不同样式的皮线针。前者适用平錾打出的孔，后者适用圆錾打出的孔

皮线缝制前——床面处理

由于皮线裁切下来之后，会有毛边和反面不平整的状态，若是没有先做处理，在缝制当中皮线的纤维会越来越松，容易掉皮屑、增加阻力不好缝制，也会不美观，因此需要先做前置处理。

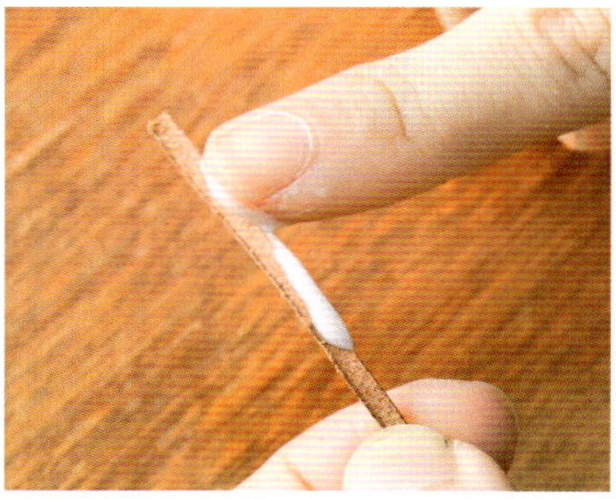

Step 1

将床面处理剂均匀抹在皮线反面。

Step 2

使用木制修边器，将涂上床面处理剂的皮线压平使其纤维紧密。若是原色皮线，处理完可用棉布涂上皮革亮光乳液做防护。

图中左边是未处理的皮线，右边是已处理的，可明显看出二者不同。

将皮线穿入皮线针

Step 1

将皮线一端削薄，并割成倾斜状。

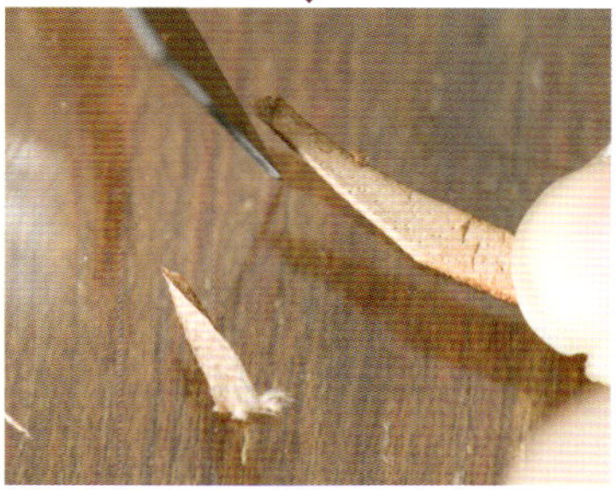

Step 2

将削薄的皮线一端穿过针孔。

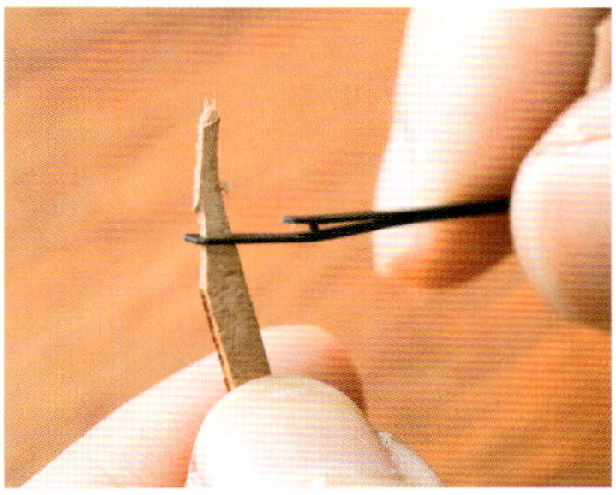

Step 3

将皮线针前端轻轻扳开，让皮线插入固定。

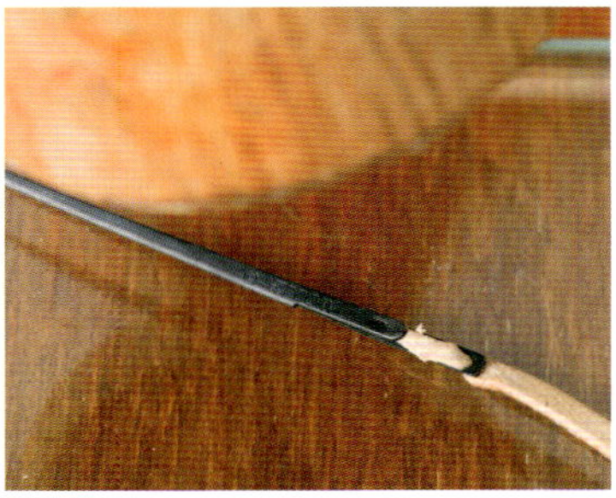

Step 4

夹住皮线的地方用木锤轻敲，让倒钩的针可以确实深入皮线、夹紧在针里。

将皮线穿入铜圆皮线针

皮线一端剪斜角，将皮线转入铜圆皮线针后端即可。

POINT

注意铜圆皮线针使用完要将皮线取出时，只要和转入时反方向转出即可，硬拉可能会造成皮线断裂在针里取不出来的情况。

材料

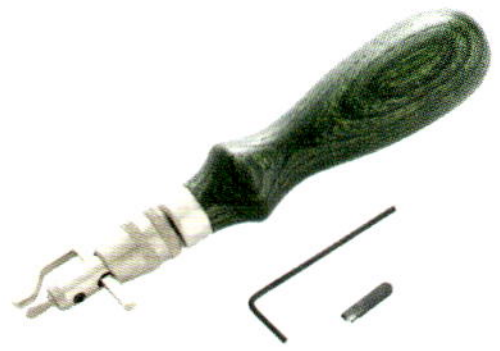

线引器：划出打缝孔基准线的工具

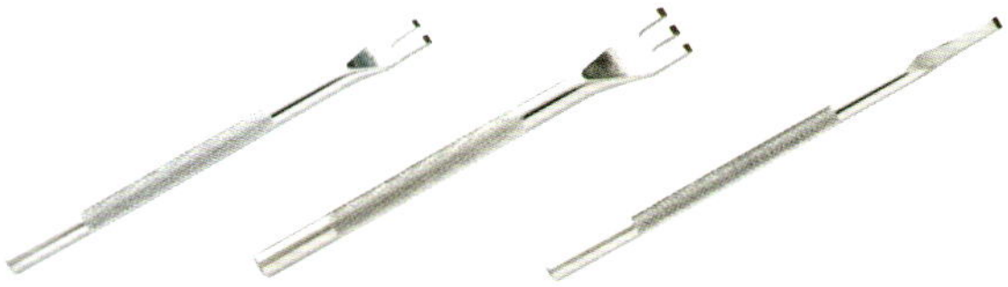

单、双、三平錾：钻出皮线缝合孔的平孔工具

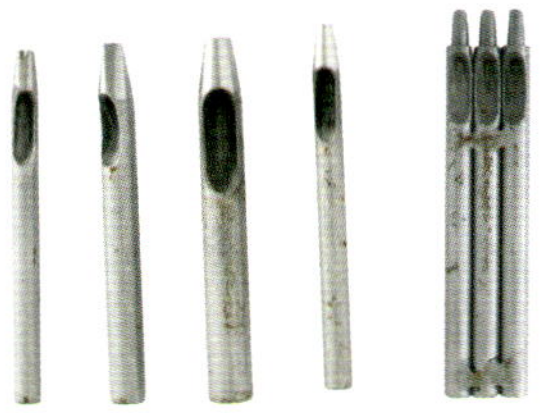

圆錾　　**三圆錾**

钻出皮线缝合孔的圆孔工具

✂用平錾打出缝孔

Step 1

量出5mm线距，用线引器在需要进行皮线缝的地方划出基准线。

Step 2

使用木锤在角落先打，由于这次是小曲线，因此使用单平錾先钻出一个皮线孔。

错误示范

务必选择能顺着基准线走的平錾，如图使用双平錾就是错误的，会导致缝线不美观。

Step 3

直线的部分使用三平錾来钻孔。

Step 6

往前打到约剩10cm，再倒过来由后面往前打孔。

Step 4

由于平錾是打入皮革里的，要将它拔出皮革时请左右上抬移动，就可以轻易拔出了。切勿硬拉扯造成皮革变形。

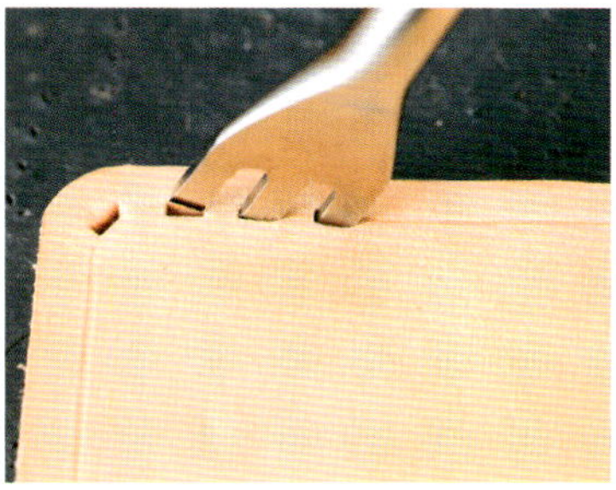

Step 7

由于缝制的距离不一定会被平錾等分，若没有考虑到这一点，一直往前打孔，就会造成打孔到最后孔距过小或是重叠的错误，因此要用单孔平錾来调节剩下的孔距，由于平錾的宽度比菱錾更大，必须要更早注意这种情况。

Step 5

依据前一个皮线孔来继续打下一个，这样才会让每一个孔都是等距的状态。

三种基础编织法

a 单绕圈皮线缝

这种缝制法是皮线缝中最基本，也是最常见的入门法，由于是用单纯绕圈的方式来进行，因此开头很重要，缝制需要的皮线长度大约是总距离的3倍。

起头缝法

Step 1

在起点孔与第二孔的中间用锥子钻出开口。皮线针由皮革中间夹缝穿入，如图。

Step 2

面朝自己的方向将皮线针穿过起点孔到背面。

Step 3

拉紧后用剪刀剪掉根部，多余的部分塞进夹缝中。

Step 4

将皮线针继续往前穿过第三个缝孔，如此反复进行缝制的动作。

POINT

注意每一次往返皮线一定要面朝外地进行，若不注意就会造成皮线卷在一起的状况。

POINT

由于平錾的缝孔紧密，不好穿过缝孔；或是需要重叠双线时，可用锥子撑开。

转角缝法

Step 1

遇到转角时，同一个支线孔要重复两次。

Step 3

如此继续往下缝制就会等距前进，若是转角没重复而直接缝下去，会造成线距越拉越长的情况。

POINT

收尾同开头的做法，皮线从中间穿出后剪断，多余部分塞入夹缝即可。

Step 2

转角重复两次的皮线不要重叠，在后方紧挨着略转方向并适度拉紧。

b 单缠皮线缝

比起单绕圈稍微复杂的方法，在皮革较薄且希望不要露出皮革侧边的情况下，可用此法包覆皮革侧边。每一针的力道都要均衡，所需皮线长度约是缝制距离的6倍。

起头缝法

Step 1

穿入起点孔后拉到剩约2.5cm的皮线。

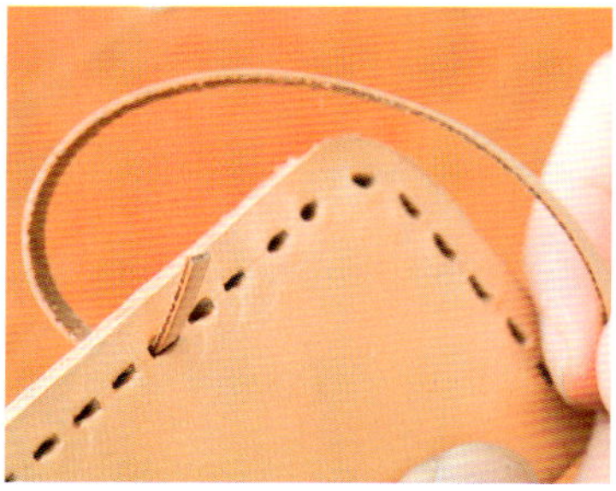

Step 2

圈住2.5cm的皮线头。

Step 3

往第二缝孔穿入，拉紧。

Step 4

拉紧后皮线针从底下穿过前面皮线中间。

Step 5

拉紧后继续往前第三缝孔穿入。

Step 6

再一次将皮线针从前端套过的皮线中间穿出，之后以相同步骤继续往前缝制。

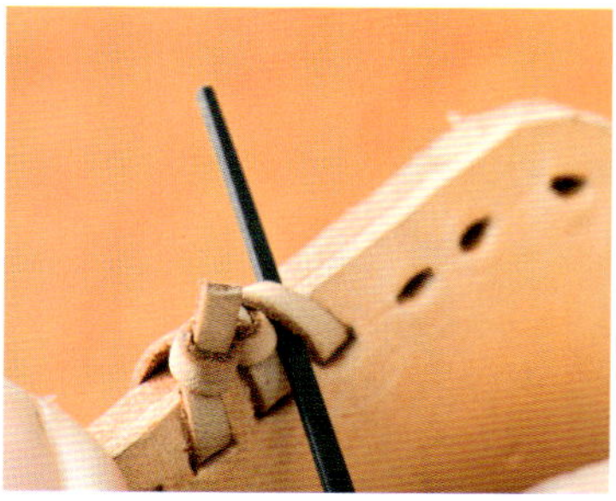

转角缝法

Step 1

依照转角大小来决定何时要开始一孔重复两次缝。这次示范转角较大，因此从转角前一缝孔就开始；若是小转角，通常只要角落那个缝孔重复即可。

↓

Step 2

将孔用锥子撑开，方便容纳两次皮线穿过，将皮线针穿入。

↓

Step 3

从上方编织的地方穿出后，再一次将皮线针从同一孔穿入。

↓

Step 4

总共在转角三孔都重复缝两次的方式，缝制完再继续往前，若转角都按照此步骤缝制，间距就会一致，否则间距会越拉越长。

如何收尾

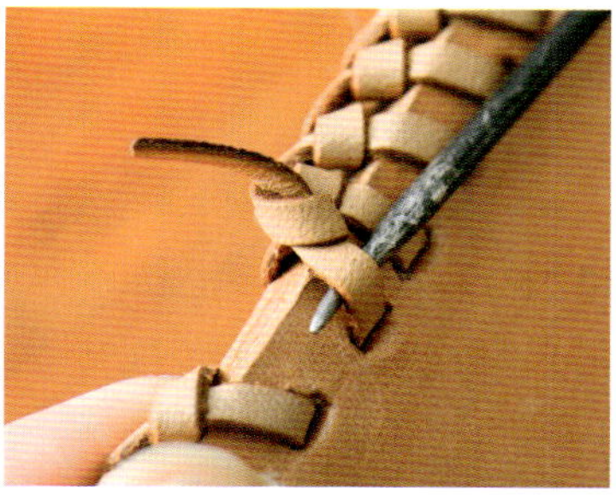

Step 1

将原先起头所预留的2.5cm皮线利用锥子拉出。

↓

Step 2

再由中间拉出皮线。

↓

Step 3

皮线针从前面预留的皮线圈穿入。

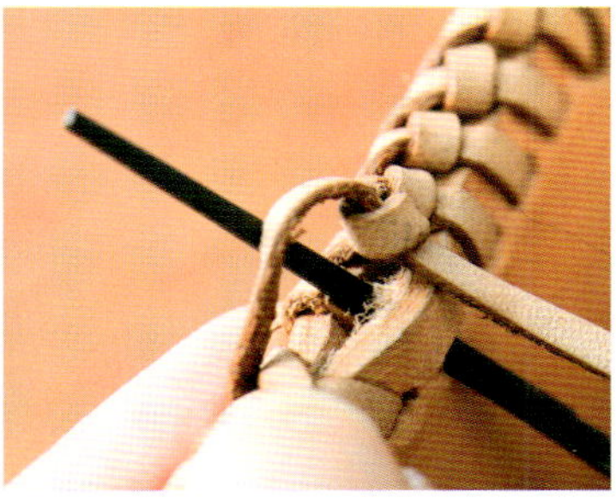

↓

Step 4

穿入后再由图示处穿出皮革夹缝。

Step 5

拉紧后就会形成与前后一致的缝法状态，调整前后松紧度直到合适。

Step 6

将多余的皮线用刀子修掉。

Step 7

塞入接缝处后，涂上些许白胶即可。

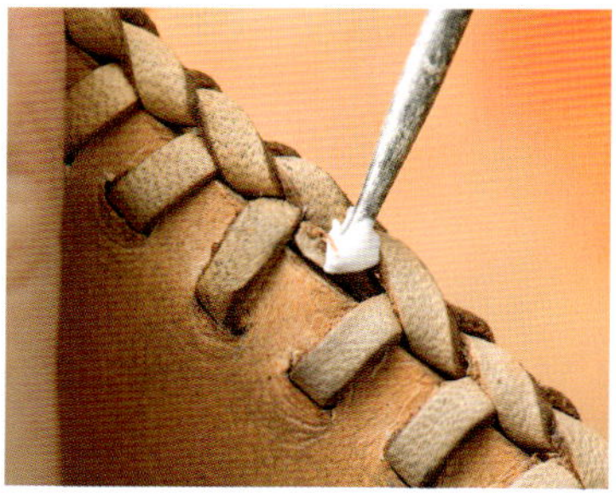

C 双缠皮线缝

外观比单缠皮线缝更华丽的缝法。乍看起来很复杂，但其实编法与单缠缝法很接近，只要着重起头与收尾的步骤，中间重复的工法力道适中就可以完成。需要的皮线长度约是缝制距离的 7 倍。

起头缝法

Step 1

穿入起点孔后，拉到剩约2.5cm的皮线，往前第二孔再穿过。

Step 2

将2.5cm的那段皮线如图穿过前面的皮线圈底下，拉紧。

Step 3

用手指抵住后方，如图，将皮线针穿过两缝孔的皮线交叉中间处。

Step 4

拉密合后，将皮线针穿过下一个皮线孔。

Step 5

重复先前的步骤，让皮线针从中间交叉处穿入，拉密合。

转角缝法

由于是范围较大的转角，因此要到转角前一孔就开始以“一缝孔缝两次”的方式缝，如此进行三个缝孔的缝制后再继续往前缝。

错误示范

若没有注意，转角处的缝孔仅单缝一次，就会变成如图那样间距越拉越长的状态。

如何收尾

Step 1

留下终点的缝孔先不缝，然后将一开始起头预留的2.5cm皮线用锥子解开。

Step 2

解开后，将那段皮线从皮革夹缝中间抽出来。

Step 3

将抽出的皮线剪短至1cm长。

Step 4

皮线针穿入刚才皮线被抽掉的皮线环里面。

Step 5

皮线拉密合后，从前方交叉的皮线中间穿进去。

Step 6

由上面将皮线针穿进皮线环里，请注意方向要往前。

Step 7

从底下的缝孔穿入后，如图从编织的皮线中间穿出，调整间距。

Step 8

用美工刀去掉多余的皮线，塞入细缝。

Step 9

用一点白胶固定即完成。

两面削薄

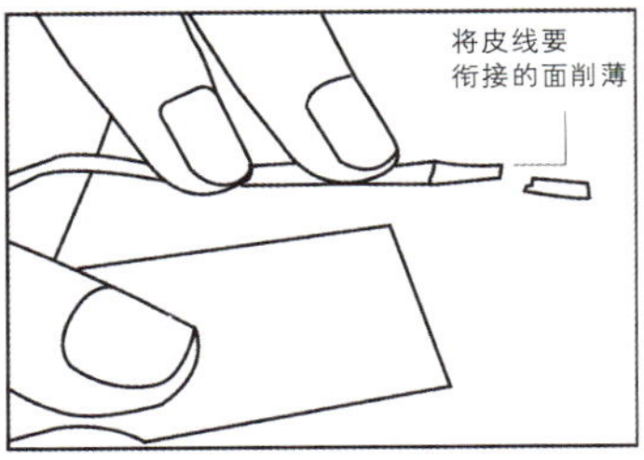

黏合

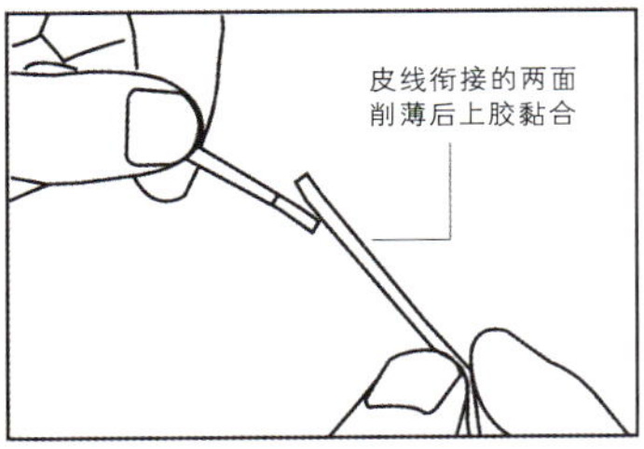

用木锤压紧

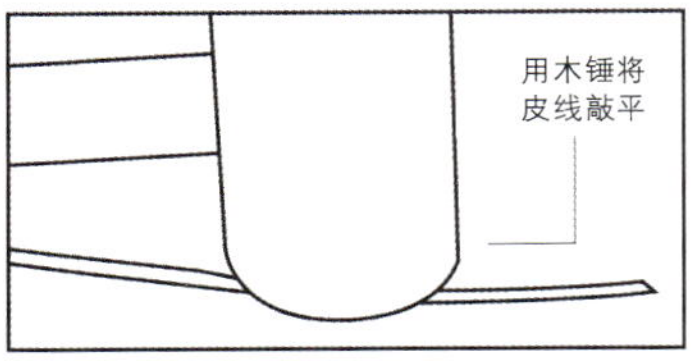

三种皮线缝法的比较

由左至右分别是双缠、单缠、单绕圈三种缝法。

从侧视图即可发现，双缠与单缠缝法虽然接近，但是双缠的编结感觉较宽整，可以视作品需要的效果与厚度选择单缠或双缠缝法；单绕圈的缝法则会露出皮革边，因此在缝制前，作品边缘应先进行修磨的步骤。

五金扣具

林林总总的五金配件，只要搭配适当就能使包包整体加分。不同扣子须运用合适的工具，才能被完美地固定在包包上，初学者多练习几次就能轻松上手。

材料

8号圆錾

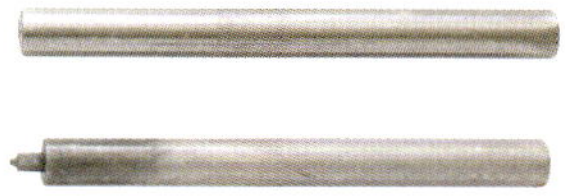

冲纽器

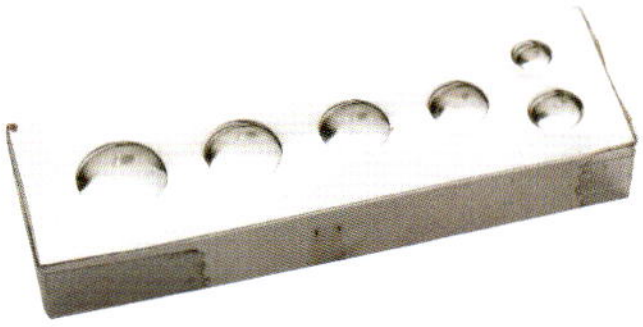

万用环状台

四合扣

Step 1

四合扣的组成共有四个零件，左边为下扣，右边为上扣（个别为上下两组组成）。

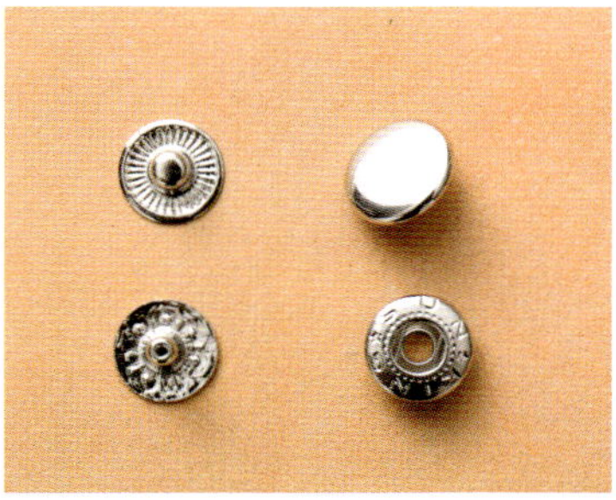

Step 2

拿出8号圆錾，在要装扣子的位置上打出一个洞。

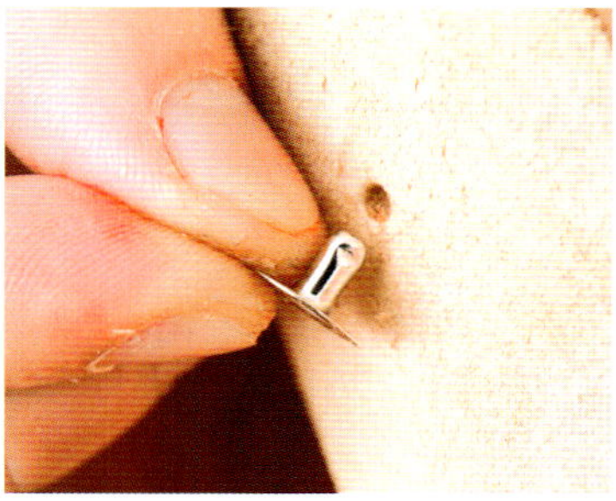

Step 3

先将四合扣下扣的底座从皮革反面套出来。

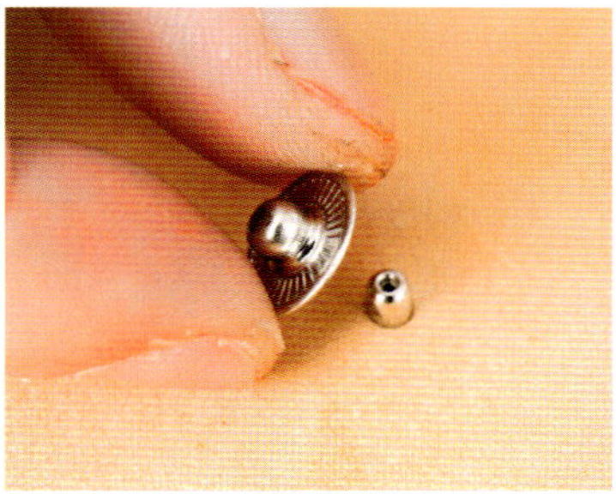

Step 4

套出来后，再把底座扣件的上盖部分盖上。

Step 5

冲纽器分为凹面及凸面，先拿出凹面工具，中间圆洞套入底座扣子的凸点，用木锤敲打固定。

POINT

打下扣时底部需垫一块铁或质地同样坚硬的东西做缓冲。

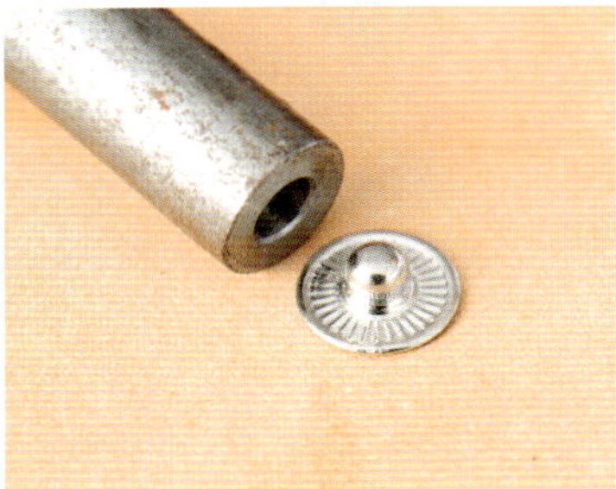

Step 6

下盖处理好后，拿出上盖扣子套入要作扣面的皮革表面。

Step 7

接着拿出上盖的下扣套入。

Step 8

拿出万用环状台，选好适合扣面大小的尺寸后靠上去。

Step 9

在打上盖时拿出冲纽器凸面，要注意的是冲纽器凸面左右边有两条横杠，打扣子时须将横杠配合四合扣里的左右两个弹簧（如图下扣中间）。

POINT

打上扣时，一定要注意扣子中间的两个弹簧有没有跟冲纽器紧密结合，如未紧密结合会造成扣子打歪或掉落。

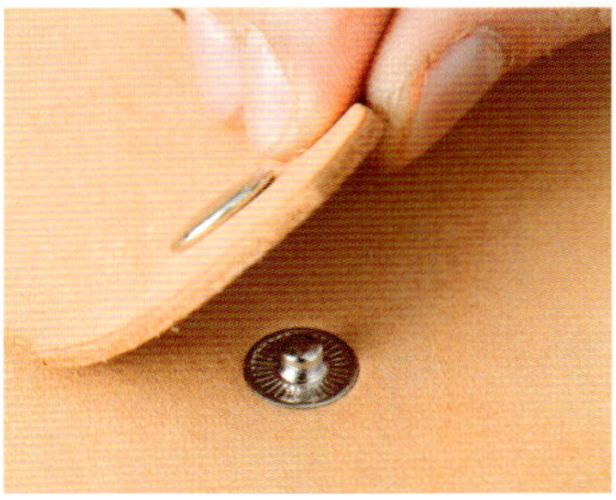

Step 10

打好扣子后，试试看扣子是否过于松动或紧绷，正常扣子应该既密合又可以很轻松地打开。

材料

10号圆錾

冲纽器

万用环状台

牛仔扣

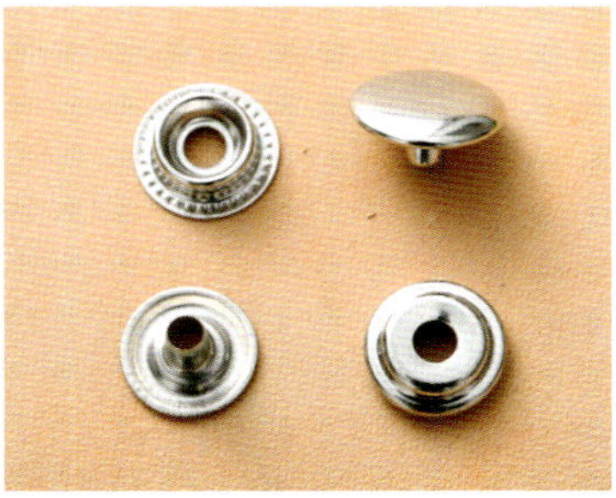

Step 1

牛仔扣的组成共有四组零件，左边为下扣，右边为上扣（个别为上下两组组成）。

Step 2

拿出10号圆錾在要装扣子的位置上打出一个洞。

Step 3

将牛仔扣下扣的底座从皮革反面套出来。

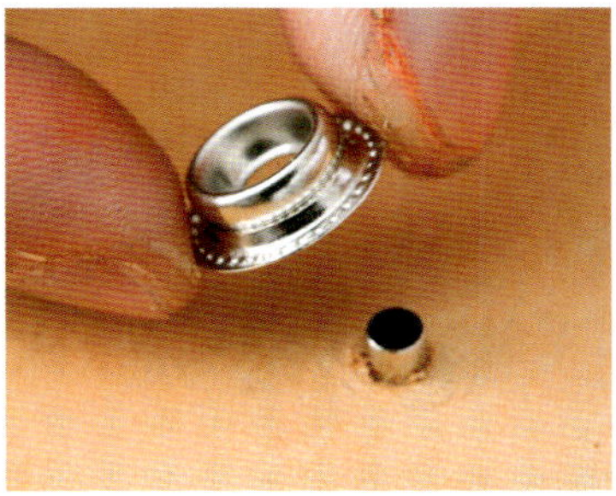

Step 4

套出来后，再把底座扣件的上盖部分盖上。

Step 5

如图，錾子中间有一个凸点，必须扣住扣子中央的凸点。

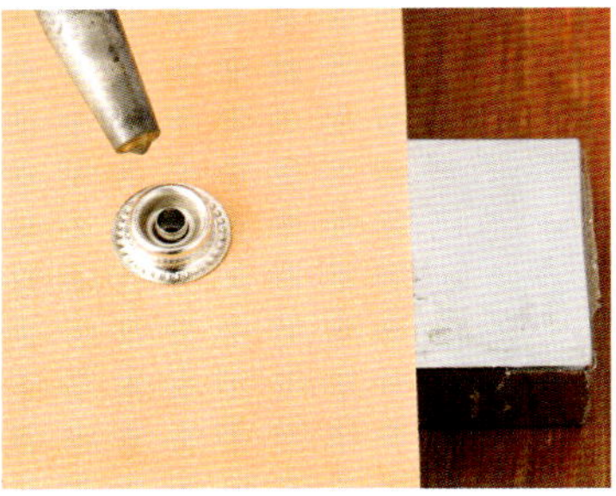

Step 6

如图扣紧密后，打紧即可。

POINT

打下扣时底部需垫一块铁或质地同样坚硬的东西做缓冲。

Step 7

图中左边为打紧后的样子，右边为还未固定的样子，可以看出差异。

Step 8

下盖处理好后，拿出上盖扣子套入要作扣面的皮革表面。

Step 9

接着拿出上盖的下扣套入。

Step 10

拿出万用环状台，选好适合扣子面大小的尺寸后靠上去，再用錾靠着扣子中央打紧即可。

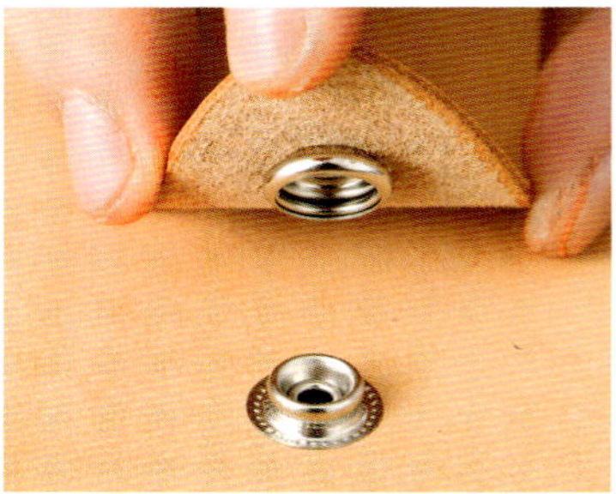

Step 11

打好扣子后，试试看扣子是否过于松动或紧绷。

材料

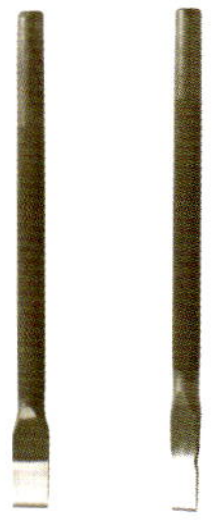

平鏨

尖嘴钳

磁扣

Step 1

将要组装的上盖皮片，使用平鏨打出两个洞，再套入磁扣上盖。

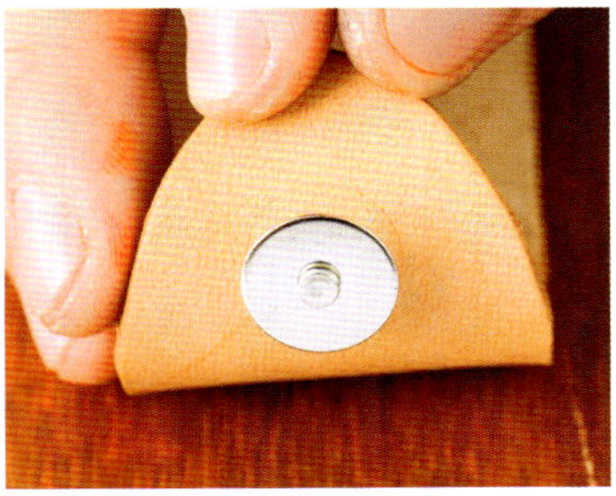

Step 2

磁扣背面放入垫片，使用尖嘴钳将压脚左右夹平固定。

Step 3

处理下扣时，一样先用平鏨打出两条横杠，再套入下扣。

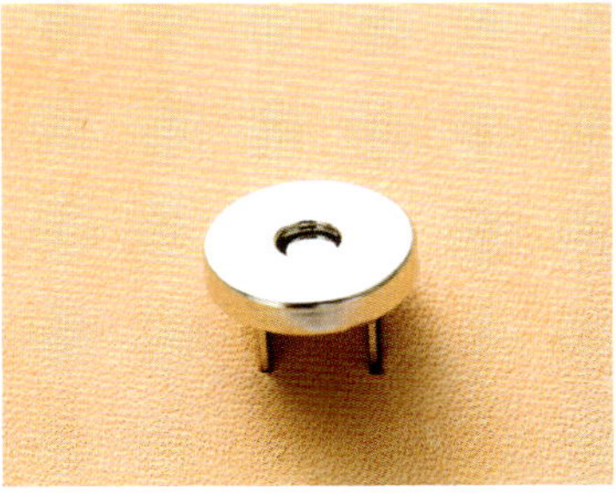

Step 4

固定好后如图，可以试扣看看。

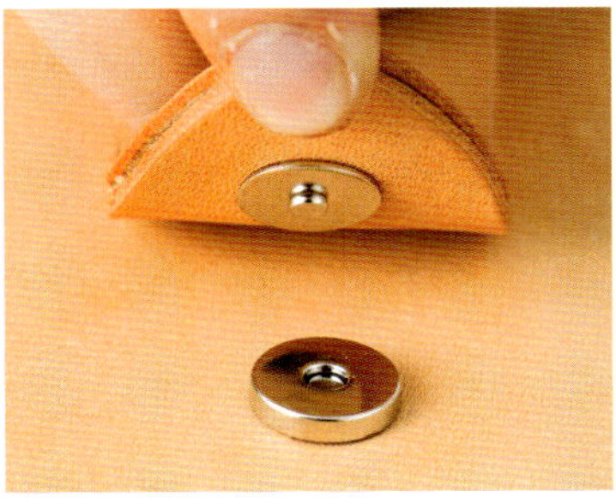

材料

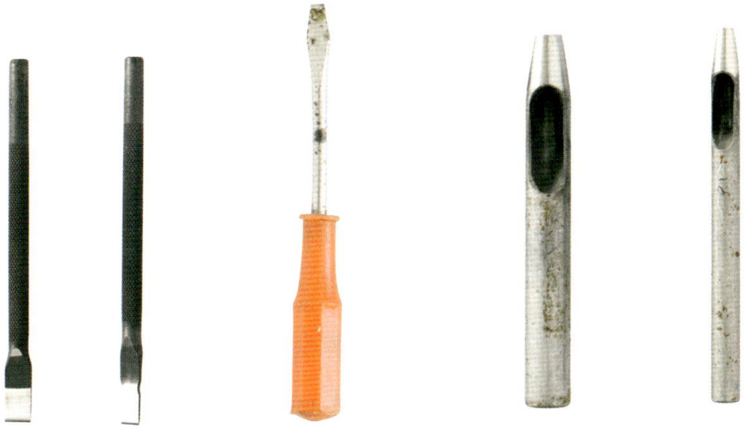

平錾　一字起子　15号圆錾　10号圆錾

原子扣

Step 1

在装原子扣的皮革上用10号圆錾打一个洞，并将原子扣底座套入。

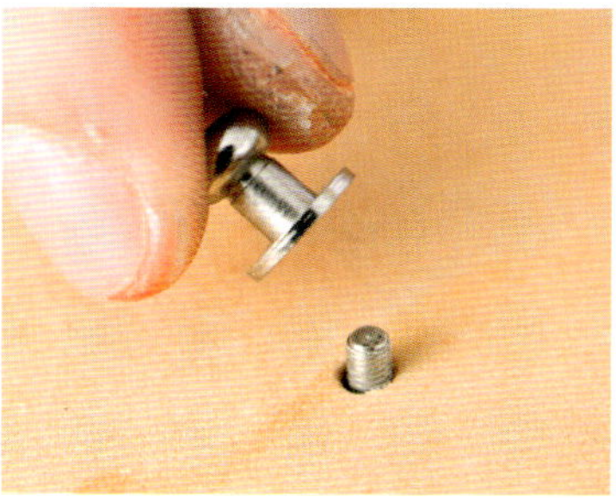

Step 2

把原子扣上盖转进去。

Step 3

拿出一字起子牢牢地把扣子转紧即可。

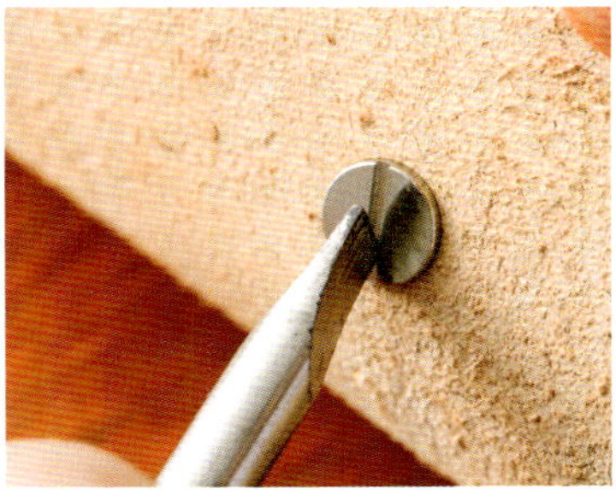

Step 5

此为上盖示意图。

Step 4

固定原子扣的皮革面用15号圆錾打出一个洞，再用平錾从洞的中央往上打约0.4cm长的开口。

Step 6

正确的操作可以顺利将皮片牢牢地扣住原子扣，如果用平錾打的开口不够宽，或使用错误尺寸的圆錾，则会扣不起来喔。

材料

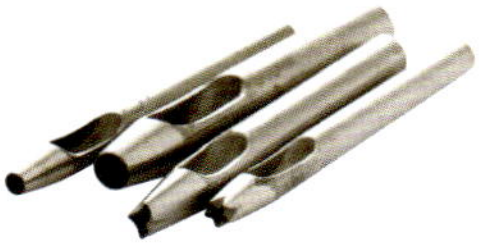

圆錾

平錾

尖嘴钳

起子

转扣

Step 1

组装转扣需先在皮革上打出如图的洞，再将转扣转上即可。

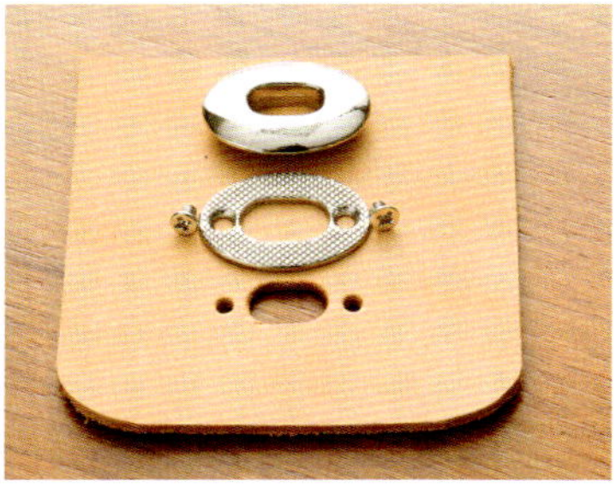

↓

Step 2

转扣底部组装前，先用平錾打出两个口。

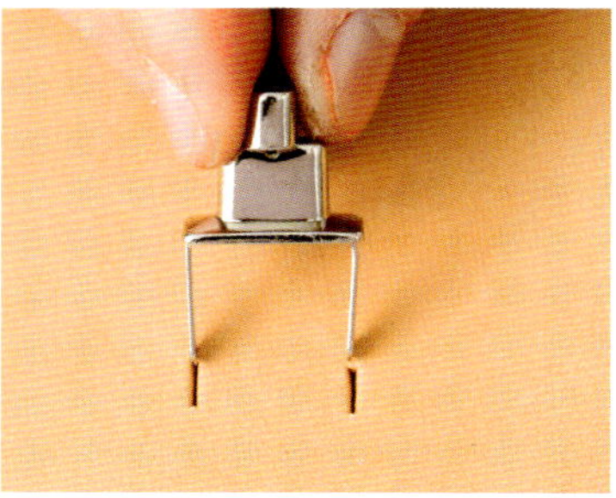

↓

Step 3

底部压脚套出后，放上垫片，再用尖嘴钳扳开压脚固定。

↓

Step 4

装好转扣后，试装看看有无位置偏移。

↓

Step 5

如图完成。

材料

10mm平凹錾

万用环状台

固定扣

Step 1

固定扣分为上下盖两组。

Step 2

将长脚的下扣套入皮革反面。

Step 3

将要固定的皮革套入长脚下扣。

Step 4

接着盖上固定扣上盖。

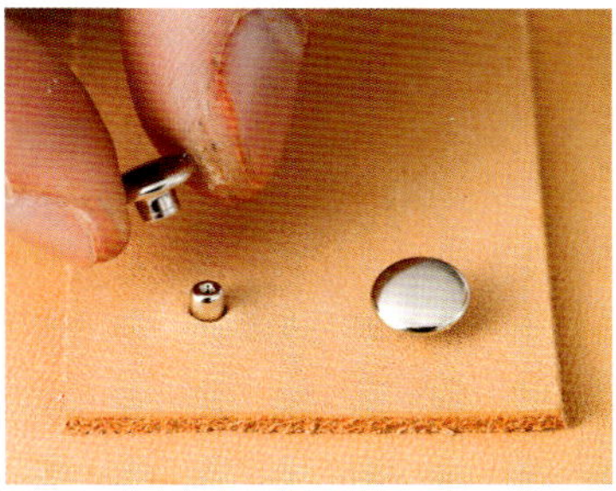

Step 5

拿出万用环状台选择好尺寸垫在扣子底部，平凹錾里的弧度必须刚好扣住扣子面，再打紧。

材料

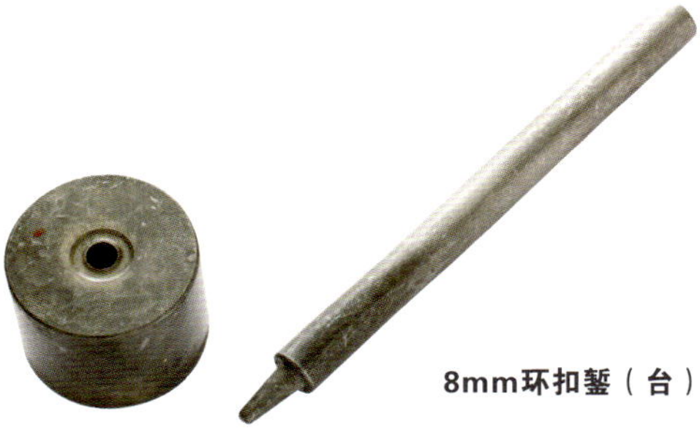

8mm环扣錾（台）

环扣

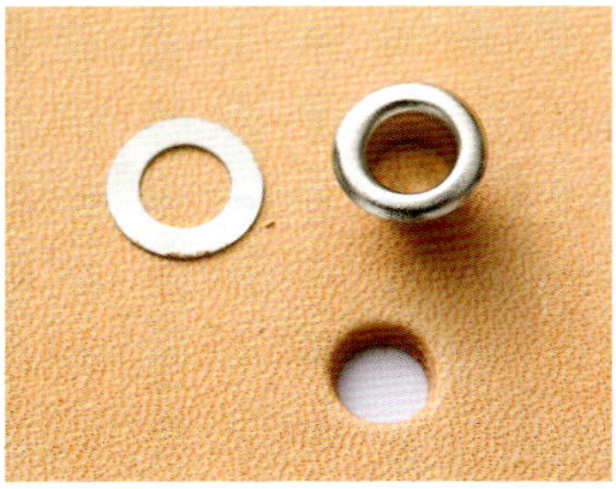

Step 1

打环扣前必须选择口径适当、配合环扣的圆錾打好洞。

Step 2

先将环扣面靠着环扣台。

Step 3

紧接着套出皮革面并放上垫片。

Step 4

拿出冲纽器，对准扣子中央打下去。

Step 5

打紧后的环扣如图，中央的压脚往一旁分开抓住垫片。

Step 6

打完环扣后，可用手指试转看看有无松脱的现象。

材料

20mm皮带錾

8号圆錾

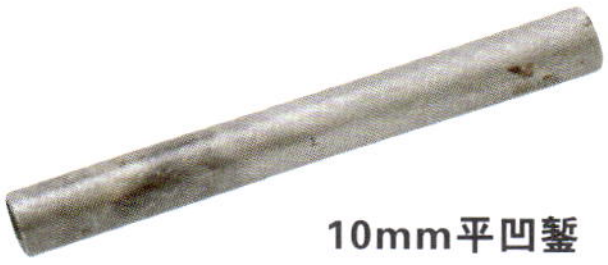

10mm平凹錾

万用环状台

皮带头

Step 1

皮带条要套上皮带头的前端反折3~4cm，拿出皮带錾在反折处置中压记号线。

Step 2

摊开皮带条后，在刚做好记号的地方打洞，如图。

↓
Step 3

拿出皮带头，将皮带条套入。

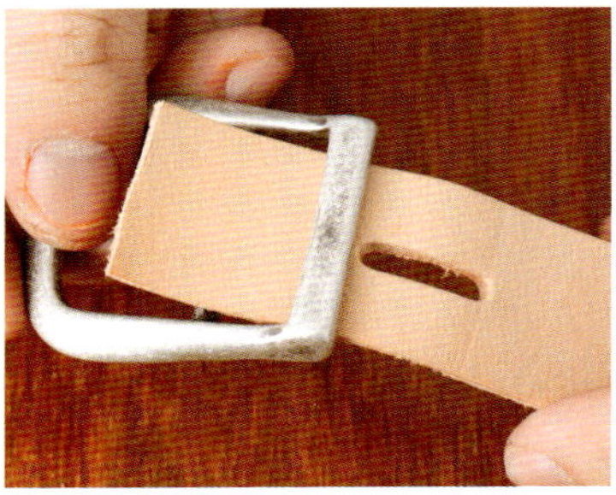

↓
Step 6

紧接着将多预留的皮带条反折至背面。

↓
Step 4

将皮带头中央的小舌头，套出洞外。

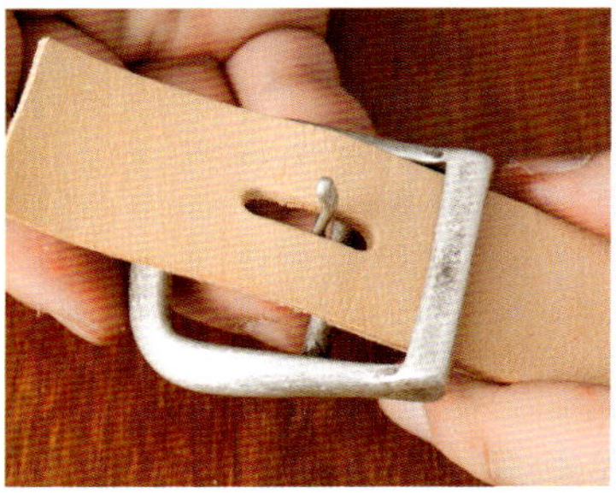

↓
Step 7

拿出圆錾在皮带条上打出两个洞。

↓
Step 5

如图将位置放好。

↓
Step 8

装好固定扣后敲打合起来就完成了。

拉链制作

各式包型需要搭配不同尺寸、颜色、款式的拉链，制作者如果自己会组装拉链，在皮包制作上将有更多的发挥空间。

材料

百码拉链

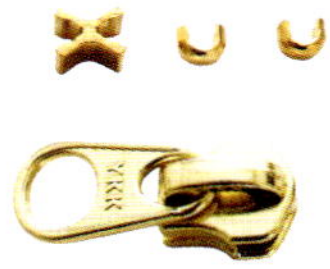
拉链五金(上止和下止)

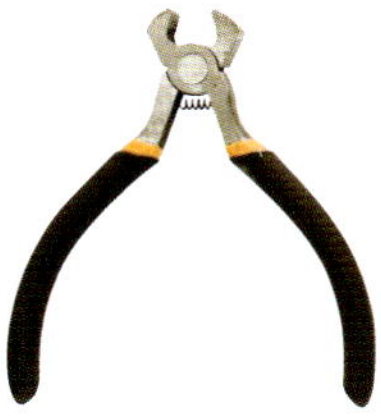
平口钳

尖嘴钳

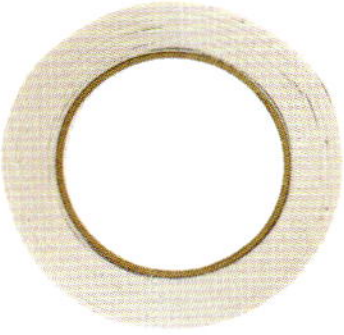
0.5cm双面胶带

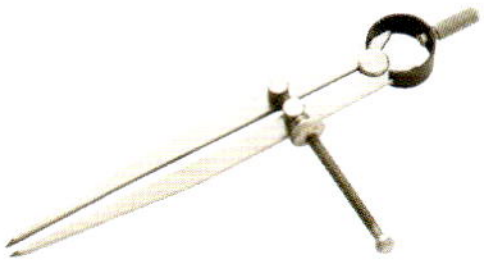
间距规

小铁锤

组装拉链

Step 1

裁剪拉链时，应比实际所需长度前后各多留1.5cm。

POINT

剪拉链时遇到金属部分，可从链齿中间的空隙斜剪过去，才不容易伤到剪刀。

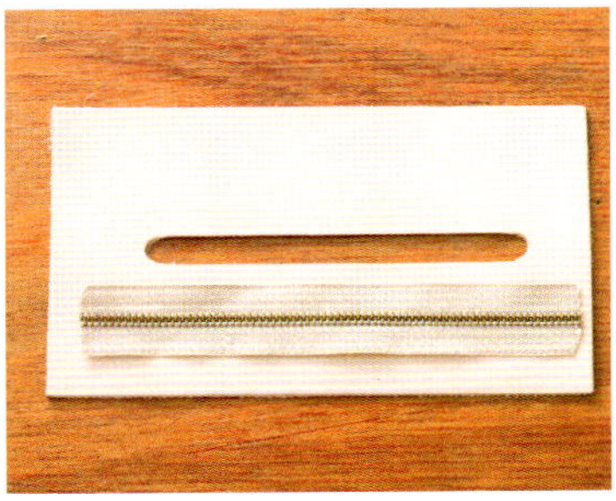

Step 2

在多留的拉链部分用笔做好记号（前后多留的地方皆画好）。

Step 3

去除拉链齿时，平口钳须夹住拉链齿的中央。

POINT

夹除拉链齿时如未夹住适当位置，会造成拉链布松脱，所以一定要夹对位置。去除了拉链齿的地方，需用打火机烧一下，以免拉链布松脱。

Step 4

如图，将拉链齿拔到先前做好的记号位置。

Step 5

上止为U形的小铁件，装在拉链头前面的拉链布上。

POINT

拉链分上下，不分正反，拉链前端的部分就是套入拉链的方向。

Step 6

套入后尾端夹紧即可。

POINT

如图，拉链左方的铁齿前端有一个小尖角，上止就是要装在这里喔。

Step 7

装拉链头时，将拉链头套入布里后，注意拉链布需对齐。

Step 8

夹住拉链头，顺势往下拉。

Step 9

拉至中央即可。

POINT

一般来讲拉的时候应该有顺畅感，如很难拉，则表示可能装错方向。

Step 12

在制作好的拉链的正面布的边缘贴上0.5cm双面胶带。

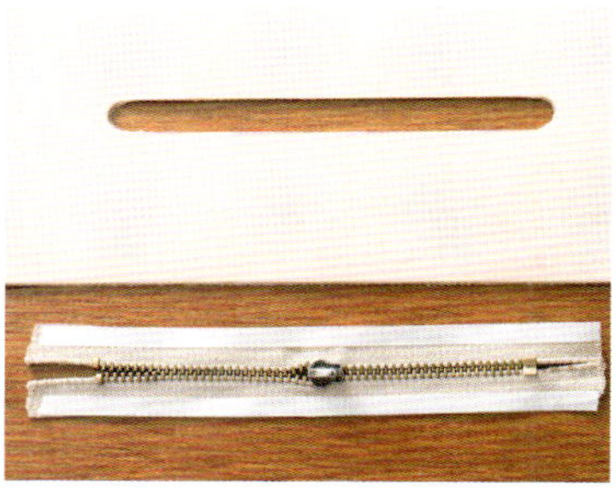

Step 10

下止的形状为X形小铁件，套入布里时，下止的小开口对准布的边缘即可。

Step 13

在准备组装拉链的皮革上画好打洞间距。

Step 11

左右边对齐后，用小铁锤打紧。

Step 14

将拉链布上的双面胶带去除，贴合于皮革反面，如图。

Step 15

沿着所画间距依序将洞打好。

Step 16

打完洞后，缝制完成即可。

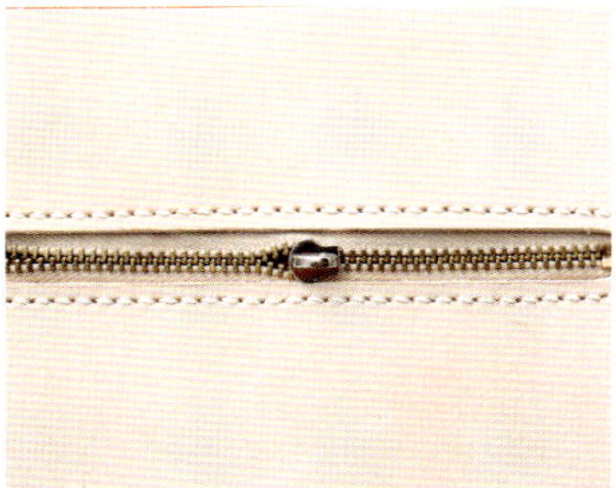

Step 17

最后给拉链头套上拉片。

Step 18

套入拉片后，再用尖嘴钳夹住开口的地方，夹紧就完成了。

皮革刻雕

刻雕是一种在皮革上刻出花纹的基本技巧。以下将介绍入门级的刻刀握法、刻法以及如何磨刀等。刻雕技巧需不断练习才能熟练，也需结合印花工具，依着刻出的线条敲出立体和阴影，相关技巧不容忽视，这里就以刻雕的一些主要花纹来示范，学习重点在于制作者能掌控手指与指尖使力的感觉及操作的流畅度。

材料

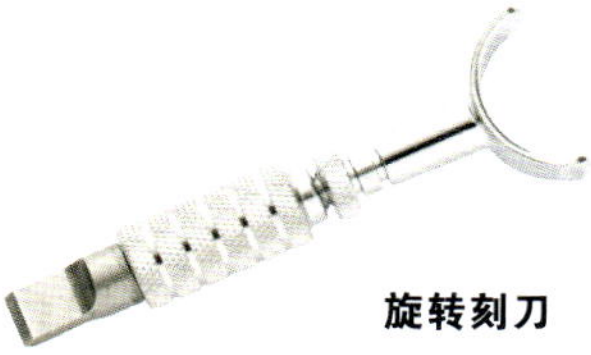

旋转刻刀

调节刻刀长度与替换刀头

旋转刻刀是双刀头，两侧呈现45°角，必须一直保持45°角，才能切割出漂亮的刻线，但刀头经过不断使用后会磨损，因此使用起来觉得不顺畅的话，刀头就需要磨了。

Step 1

初次使用刻刀，可将手放在旋转处，测试高度是否需要调整，调整处在中间有螺旋的地方。

Step 2

若是觉得旋转时不流畅，请将转头拔开。

Step 3

在转轴涂上磨刀润滑油，旋转时就可以更滑顺。

Step 4

前端可以更换不同形状、功用的刀头，利用所附的六角螺丝钳转松螺丝，即可取下刀头。

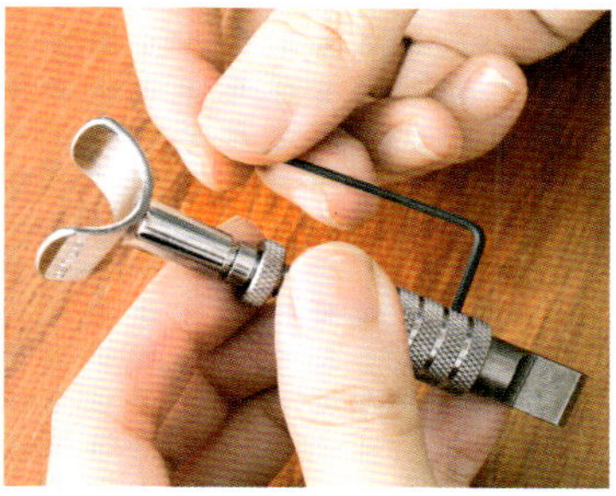

工具

磨刀石+角度调整器： 刻刀粗磨的使用工具

磨刀板+磨刀膏+磨刀油： 刻刀细磨的使用工具

磨刀头的方法

Step 1

将刀头取下后，放在角度调整器前端，设定角度调整器，让其与刀头一面完全贴合在磨刀石面上，如图，里侧约30°，刀头则是60°~65°。

Step 2

服帖地靠着磨刀石面，两手扶住角度调整器与刀头，推出时力道稍重，拉回则力道轻，以这样的方式来回磨。

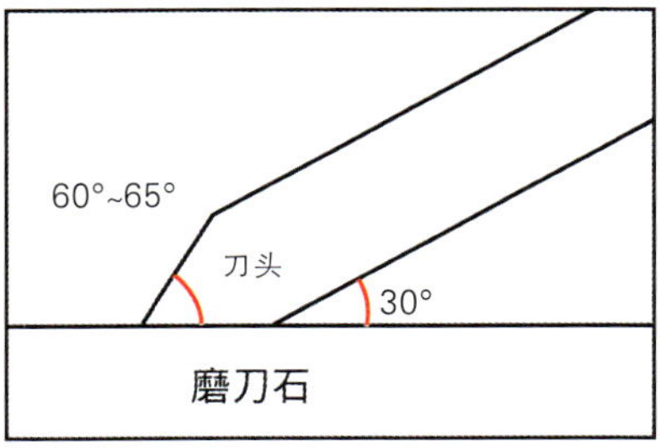

Step 3

反复磨后，检视两侧的角度，并确认尖端形状。

Step 4

之后再将刀头放在已推上磨刀膏的磨刀板上，和磨刀石的力道相反，以推出轻、拉回重的方式，磨至刀头斜面有光泽即可。

直线的练习

Step 1

先在皮革上划一道直线，依着直线起点微微向前倾斜，让刀头深入皮革。

Step 2

食指放置的位置可依照手的大小调整高度，压住上端的部分当作施力的轴心，中指与大拇指用来旋转弧度用，后方无名指、小指靠着支撑，朝自己的方向微微倾斜拉。

曲线的练习

Step 1

先在皮革上划一道S形曲线，依着线的起点微微向前倾斜，刀头深入皮革后，顺着线条弯过去。

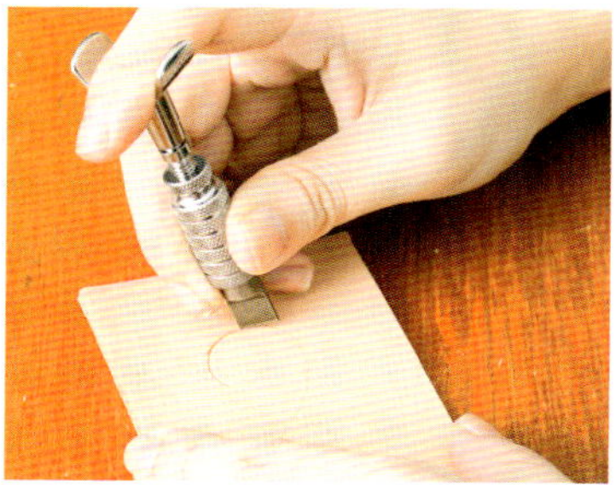

Step 2

第一道线到施力点无法再转时抬起，在刻线尾端约三分之一处衔接后，继续边转动拇指与中指，顺着弧度刻，依照此方式完成S形曲线。请仔细体会每一个弯弧的力道轻重，注意是用握着刻刀的手来转动施力，而不要转动皮革。“I”和“S”为练习刻刀的基础线条，请多练习。

POINT

食指为施力轴，中指与大拇指为引导方向。

图案描绘及雕刻

雕刻之前，需先在描图纸上描绘出需要的图案。一般描图纸易吸水，容易延展变形，为了避免这种情况，建议使用厚的防水描图纸，还能重复使用。

材料

描图纸

描笔

铅笔

a 在描图纸上画出图形

Step 1

将图案放在描图纸下，用铅笔依着底下的图样描绘。

POINT

示范为一般市售薄描图纸，实际操作时，最好挑选较厚的防水描图纸来描图。

Step 3

描绘过程中可掀起描图纸一角，检视图案有没有全部描绘到。

Step 2

皮革抹水、吸收水分后，选择较大面积的描图纸，或是利用胶带固定防止描图纸移动，再用描笔描绘出基准线条。

Step 4

描绘好如图，此为图案主要基准线。

b 使用旋转刻刀刻出图形

Step 1

刻刀放在直线的描绘点上，再将角尺靠上刻出直线的部分。

Step 2

直线的两端补刻上转角的弧线，在衔接时注意方向与位置。

Step 3

刻出框线中的旋转花纹，描线是让刻刀大致有依据，线条就算有点出入也没关系，不要为了勉强依着线，而使刻出的线条不流畅，刻出自然、生动的线条才是最重要的。

Step 4

再就是依据基准线，补上主图里面的小雕花。若是这部分尚不熟练，也可以将原本印出的图案放在旁边，边看边确认线条来刻。

Step 5

主图完成后，就进行周边的装饰，从每一个主线去延伸，只要记住所有的装饰线条都是往主线的同一个方向、同一点慢慢淡出收线，就能得到漂亮自然的图案。

Step 6

完成的图案如图，请再次检视是否有不足的地方，尤其是延长的收线部分。

刻雕完后的染色法

刻雕染色法很多，这里介绍的是最常使用的干擦，也就是擦染的方法。

材料

白纸：主要是吸去多余染料，用一般的印刷纸张也可以，只要上面没有油墨即可

棉布

酒精性染料

皮革亮光乳液

Step 1

将棉布折成厚厚的块，蘸取适量染料后，在纸上摩擦，去掉多余染料。

Step 2

从作品角落开始轻拍，进行擦染。小心不要让染料太多、太湿，反复轻拍上色。

Step 3

染好待干后再蘸取皮革亮光乳液薄涂一层做防护。如图，只要刻的线条具有一定的深度，染色后就能让它们更加凸显，营造出古朴的效果。

皮革打印

皮革打印即在皮革上打印花做装饰。印花工具的种类大约有四百种以上，是皮雕装饰和入门的基础工具，不仅有独立的图案样式（如花朵、图腾），也有需配合刻刀来展现的样式。俗称的印花技巧是指组合这些印花工具来表现装饰效果的技巧，变化很多，下面以最基础的印花组合——与旋转刻刀配合的打边印花工具和编织效果来作介绍。

材料

所谓的打边印花就是用旋转刻刀刻完线条后，再依着线条用打边工具往下打，使打印的地方往下凹，相对另一边就凸出而形成立体感的效果。使用打印工具时由于需要一直施力，因此反复敲打时如何让每一下的力道一致，是操作时的关键。

B1980 B60 X507

打边框的印花工具使用B1980、B60

中心编织花纹使用X507

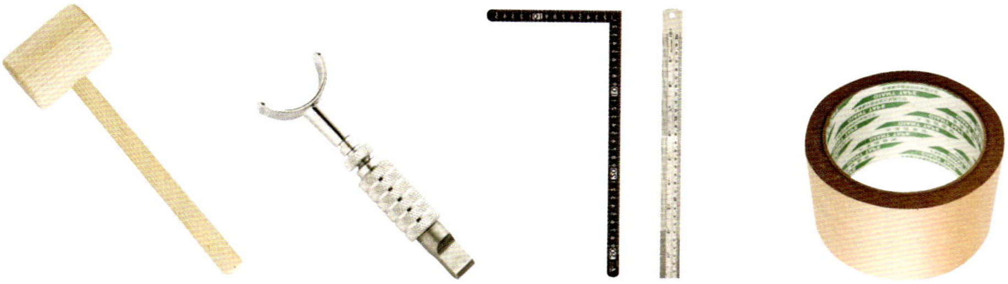

木锤 刻刀 角尺 牛皮胶带

描线和刻线

Step 1

为了防止皮革在敲打过程中延展，先在反面贴上牛皮胶带。

Step 3

刻刀抵在线上，靠着角尺往下刻出直线。

Step 2

用线引器描出框线。

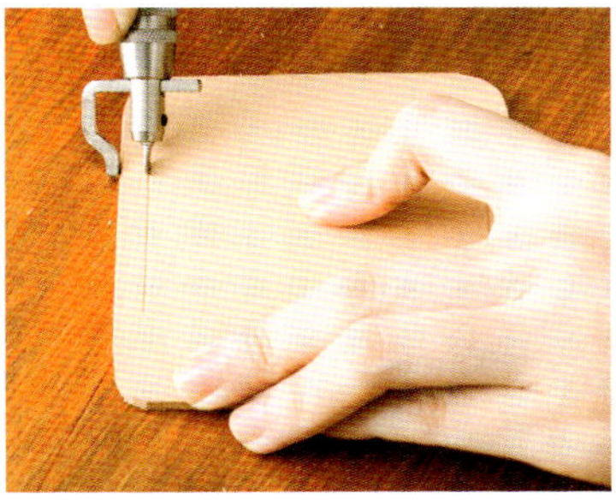

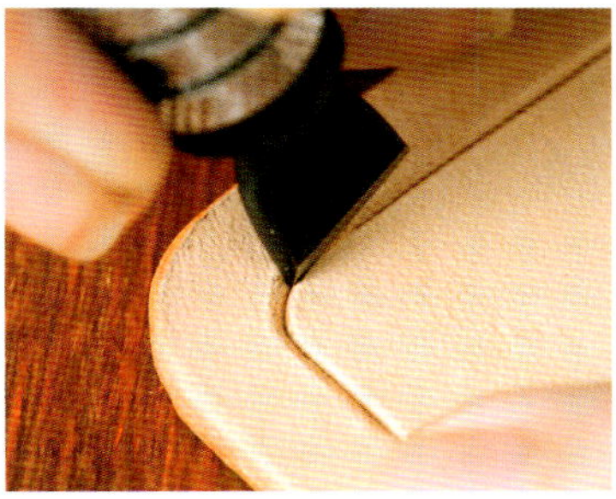

Step 4

自然衔接直线两端刻出转角。

用打边框的印花工具打出框线的立体感

Step 1

先给皮革喷水增加其可塑性，注意打边框印花前皮革一定要喷水，这样才能让皮革上打出的印花完整呈现出来；反面贴胶除了能防止皮革延伸，也能预防水分太快从反面蒸发，这样就不需要一再补水了。

↓

Step 2

使用印花工具B60，先打转角的下陷弧度。

POINT

注意拿印花工具时，中指以下都要服帖着皮面操作才会稳定。

↓

Step 3

使用B60这类有斜角的印花工具时，手的角度适度倾斜就能使其更立体。

↓

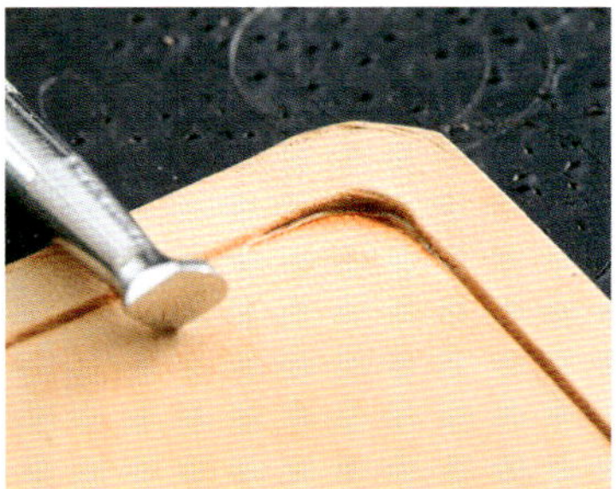

↓

Step 4

使用B1980，也就是粗网目的打边框印花工具时，应深抵刻刀的线条、以往前稍微倾斜的角度，一点一点地移动敲打。注意不要滑动太快以致留下间隙（有地方没有打到），要以有一点重叠的方式来敲打。

↓

Step 5

完成如图②，若是没有先使用B60，而直接用B1980的话，就会像图中①的效果，较无立体感。

做出中心编织花纹的印花

Step 1

在作品中间轻轻画出中心基准线。

Step 2

以中心十字的地方为准心，用中心编织花纹的X507打出中心点。

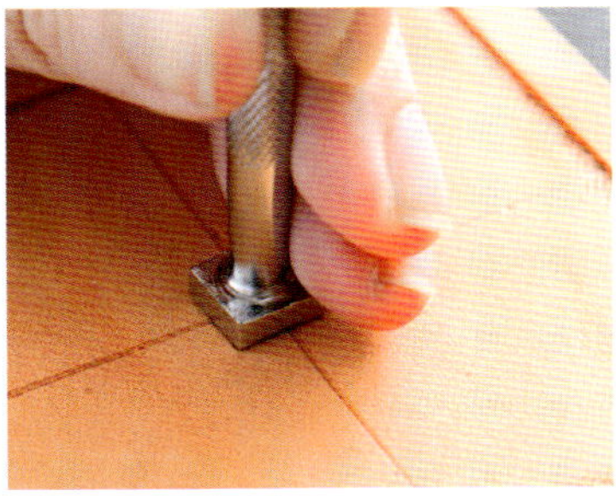

Step 3

靠着刚才打出的印花，将X507转一下方向再打下，注意X507是有方向性的，想要呈现编织的效果就必须以打一个、转一下方向的方式来进行。

Step 4

打到角落时，将印花放斜，只要敲出印子，有淡出的效果即可。

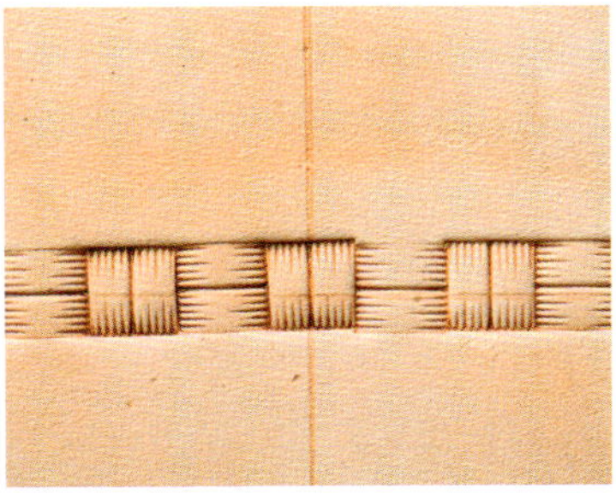

Step 5

如图，完成一排的样子。

Step 6

接下来以同样的方式，将另一边的中心线也补上。

Step 7

将剩下周边四个区块补满，注意每一个印花落下的方向。

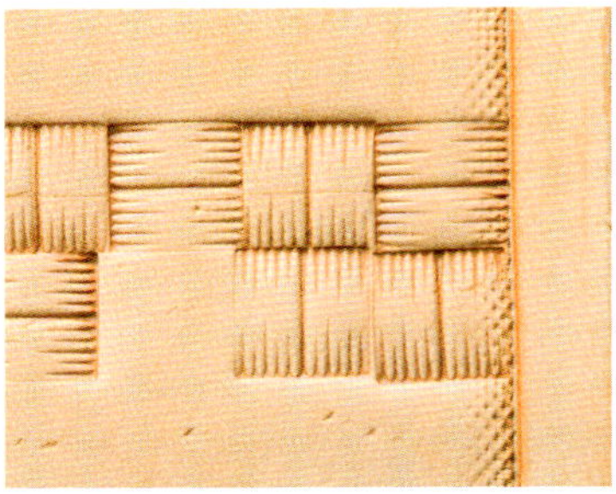

POINT

若是没有注意方向性，就会像图示，出现两边同一方向的样子。

Step 8

完成后如图。

POINT

若没有先划出中心基准线，任意从一边直直打过去，就会像图示，会出现没打满留白边和反复打而打错的样子。

印花后的染色法

印花染色法很多，以下介绍最基础、常使用的油质染料上色。

材料

油染刷：为了让每个细缝都能均匀地上色，因此使用油染刷来染色

棉布

油质染料

皮革亮光乳液

Step 1

用棉布蘸上皮革亮光乳液，均匀涂抹，让皮革亮光乳液渗入每个细缝，浸透到每个角落。

Step 2

再涂抹油质染料。油染刷多蘸一些油质染料，以旋转的方式上色，让所有的花纹沟槽都涂满。

Step 3

趁油质染料未干，用棉布将凸起部分的油质染料擦掉，让有花纹深陷的地方吃到染料。

Step 4

反复进行五六次涂擦的动作，检视效果。为了让层次更分明，可以用棉布蘸点水轻擦整体凸出面。

Step 5

等油质染料完全干后，蘸取皮革亮光乳液薄薄涂满整体做防护即完成。

Part 2 手缝就能完成的有型皮件

做法篇

皮革是韵味无穷、越使用越好看的天然素材，

简单设计最能表现皮革的特质，

手工缝制更能实现无与伦比的手感风格。

皮革是充满自然风格的素材，无须矫饰，利落的设计就能符合日常需求。三款皮手环制作不难，结构也容易理解，是讨人喜爱的经典款式。是不是很想立刻就试试看呢！

绕圈手环　　情侣双圈手环　　铜圈手环

情侣双圈手环

★做法→P136

一宽一窄、男生和女生，一气呵成的简单的皮片设计。手环以纯铜原子扣轻轻系住，自然呈现不用多说的好质感。

绕圈手环

★做法→P137

如果想让皮革的质感一目了然，还可以做个包扣。绕两圈富有流线感的手环，是很有个性的女孩饰品。

铜圈手环

★做法→P138

里面藏着铜圈的皮手环，可以依照想要的感觉调整松紧度，没有赘饰就是好看。

独特的编织技法，让手环更有立体感。

面纸盒

★做法→P139

将手染皮片与原色皮片以拼接方式组合，设计简约却又耐看。
底部皮条扣带的半固定方式，也十分方便使用。

两用iPhone皮套

★做法→P140

如果iPhone已经成为你生活的一部分，那么为它做个好看的皮套一定能让它更加引人注目。方便拿取的皮转扣设计，可手提也可吊挂，原色皮革越用光泽会越漂亮。

饰扣钥匙圈

★做法→P142

厚实的皮革，正好与略有分量的古典银扣质感相当。即使是随身小配件，也能引人注目。

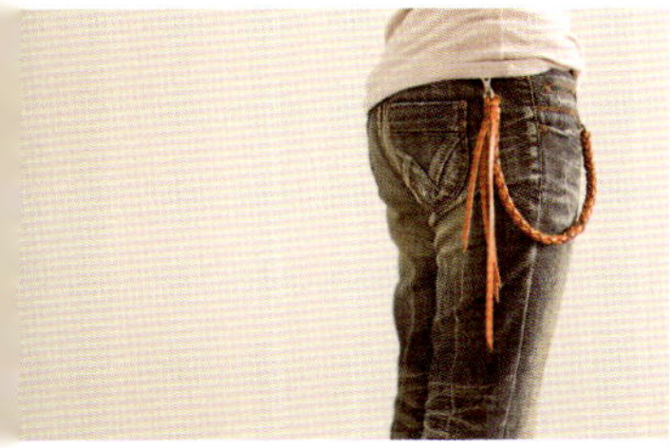

编织皮链

洗练的圆编皮革单品，中性百搭，绝对有吸引力。

★做法→P143

笔记本套

★做法→P144

每天频繁使用的笔记本不需要太花哨，以有挺度的单片皮革为它做个封套，好看的原子扣与麻线就足以传达出时尚的格调。

方形零钱包　马蹄形零钱包

方形零钱包 ★做法→P145

简单折叠的零钱包，牛仔铜扣方便开合，既能装也好用，从小地方就能展现好品位。

马蹄形零钱包 ★做法→P146

马蹄形状的轻巧与插扣设计，可以放点钞票和硬币，只要稍稍倾斜就一目了然，不用再像从前那样翻找你要的钢镚儿了。

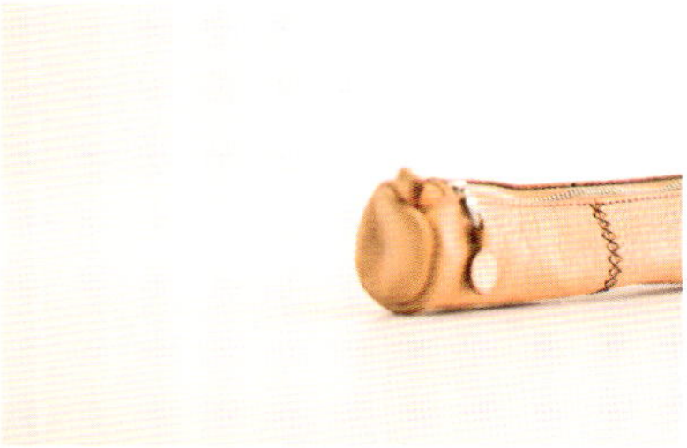

圆形笔袋

★做法→P148

以柔软的植物鞣皮革做成圆形笔袋，容量刚刚好，能收纳那些记录生活的小文具伙伴们。

革工具包

★做法→P150

简单的两片式接合，加上皮革滚边增添了些细致的手工感，拉链设计方便拿取，也可在侧边加上扣环皮条增加设计感。

夫烈区铜扣短夹

★做法→P152

纯铜扣和麻线装饰的极简风皮夹，每使用一次，就多一点属于自己的温润手感。

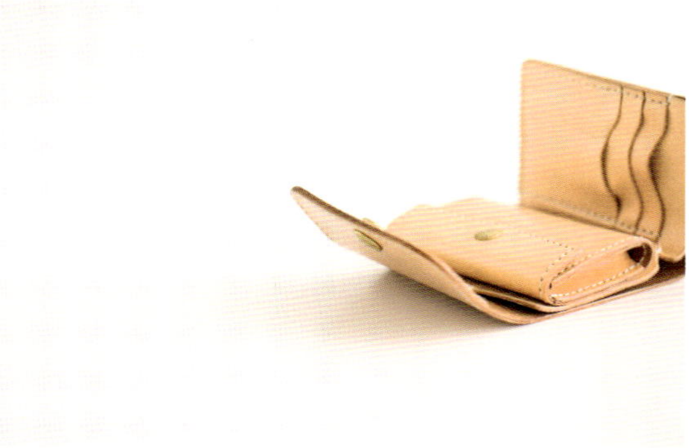

铜扣圆筒包

★做法→P156

十分吸引眼球的圆筒款式，既复古又充满趣味，最适合既低调又崇尚手工设计的人。

船形腰包

★做法→P158

短带设计、样式轻巧，袋形的弧度刚好与身体服帖，骑脚踏车时可以尽情享受街上的美丽风景了，因为它就安稳地在你背后。

手缝托特包

★做法→P160

更大、更实用的方形托特包，是成熟稳重感的设计风格，侧边圆弧更体现出手缝的细腻美。

单宁包

★做法→P163

用来自欧洲的高品质原色皮革制作，小圆弧包住铁扣的设计自然协调，既简约小巧，又足够收纳每天出门用得到的东西。

How to make（制作方法）

学会了基本制作技巧后，请跟着图解说明，
开始做出自己喜欢的皮革作品吧！

情侣双圈手环

P116

难易程度 40%

主要材料：手环皮片（宽、窄）：依附录版型裁下
小原子扣：2组

做法

Step 1 依版型裁下皮片。

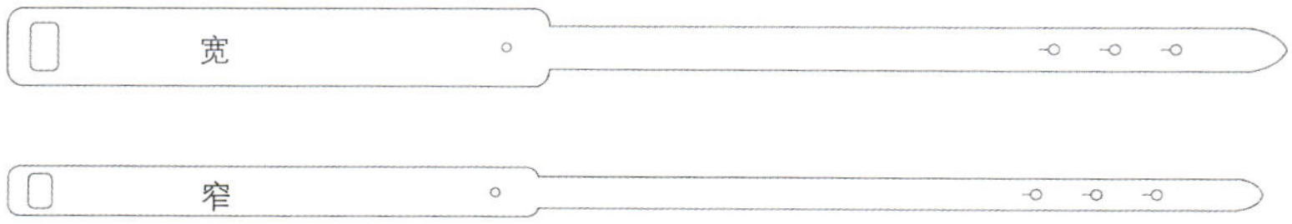

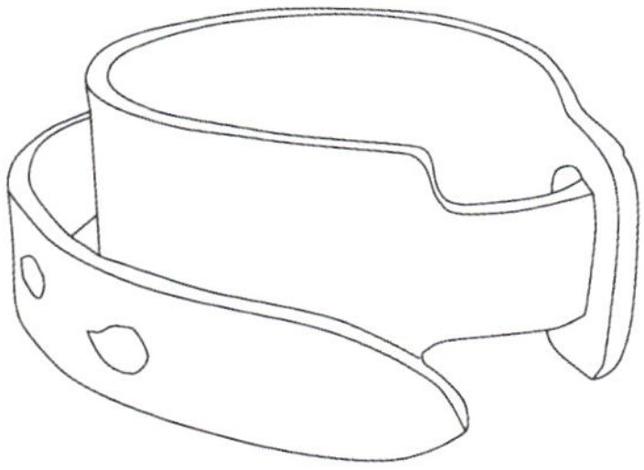

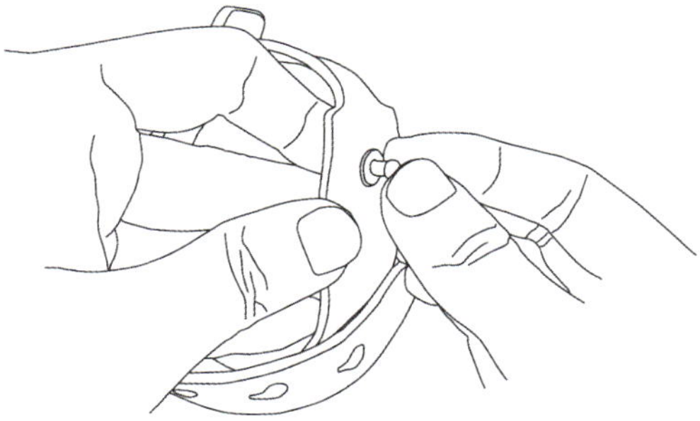

Step 2 如图调整手围。

Step 3 装上原子扣即完成。

绕圈手环
P117

难易程度 70%

主要材料
手环皮片：依附录版型裁下
18mm牛仔扣：1组

做法

Step 1 依版型裁下皮片。

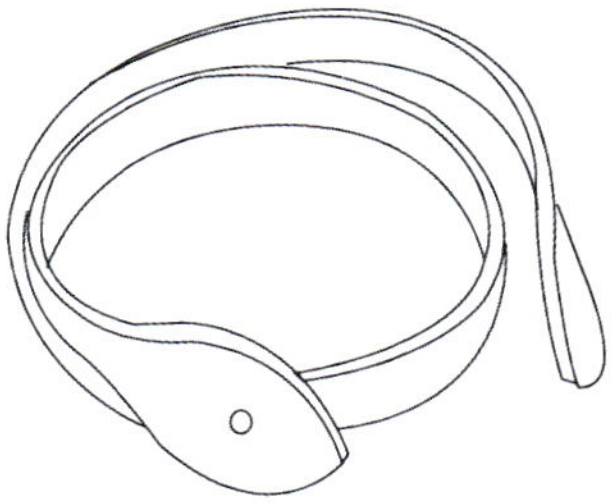

Step 2 将制作好的手环皮片绕成两圈。

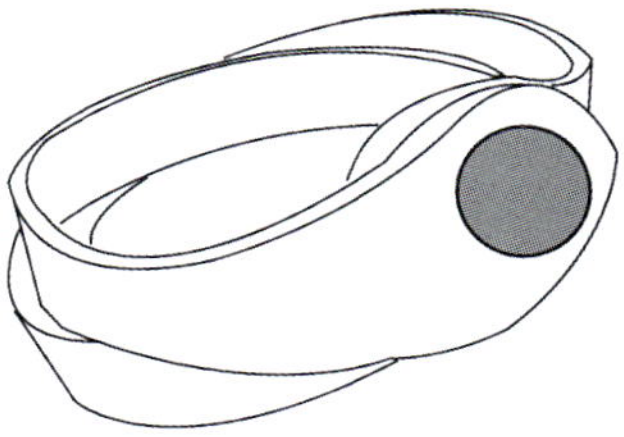

Step 3 两端打上牛仔扣即完成。

铜圈手环

难易程度 70%

P118

主要材料：手环皮片（宽、窄）：依附录版型裁下
铜圈

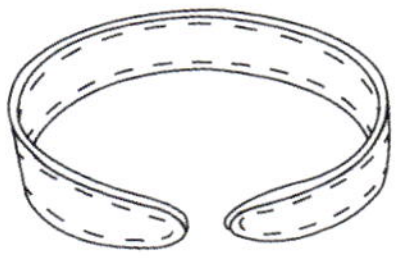

做法

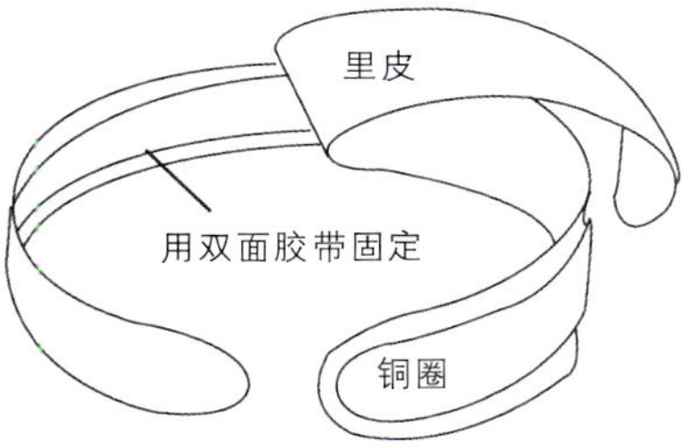

Step 1 依附录版型裁下两片皮片，将其中一片作为里皮，与铜圈利用双面胶带置中贴合。

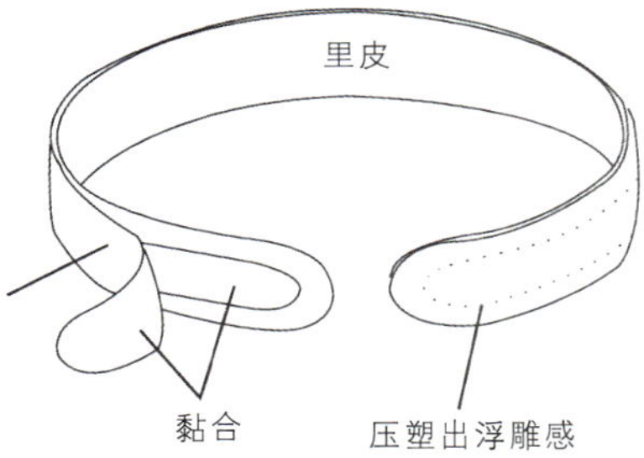

Step 2 另一片作为表皮，与里皮均匀涂上黏胶贴合（周围外侧尤需黏合紧密），并利用磨缘器压塑出浮雕感。

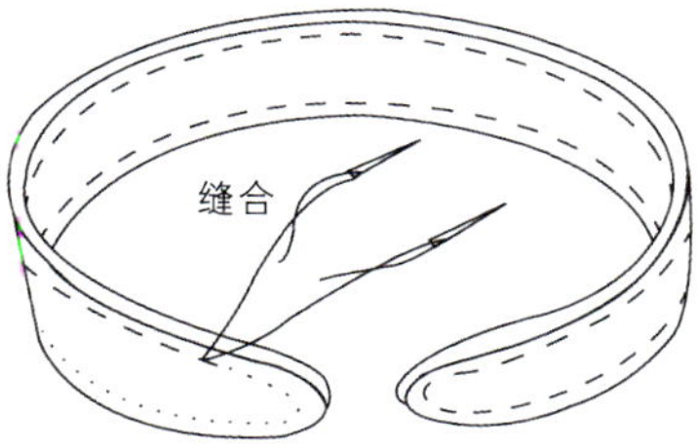

Step 3 黏合好后，将里皮多余的部分修掉，侧面磨边、抛光即完成。

Point 若想要装饰缝线，在步骤2先将表皮用菱錾打出缝线孔，再在步骤3将多余里皮修掉后，用菱形钻孔器依表皮的每个打孔位置依序穿透里皮，再缝上线即可。

面纸盒

P119

难易程度 60%

主要材料：
雕刻牛皮（2mm）：5片，依附录版型裁下
皮条（2mm）：1片，20cm × 1.5cm
8mm固定扣：1组
魔鬼粘

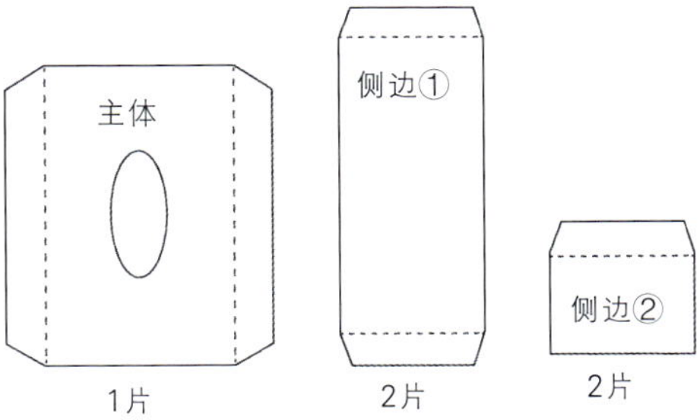

主要工具：
U或V形挖沟器、8mm平凹錾、
皮革用强力胶、剪刀

做法

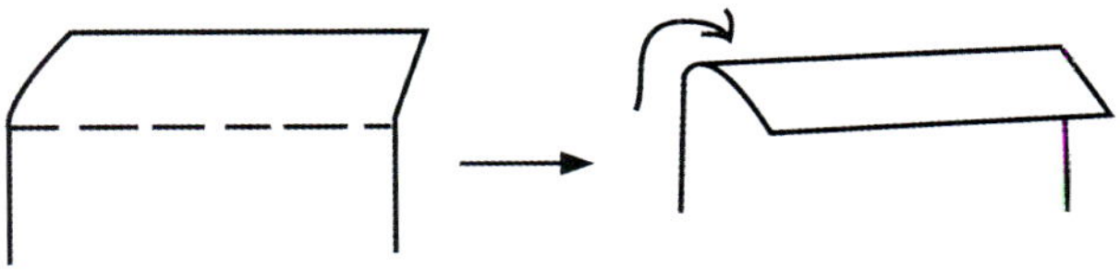

Step 1 依版型裁好的5块皮，分别用U或V形挖沟器挖出沟槽。挖沟处如图示折出角度。

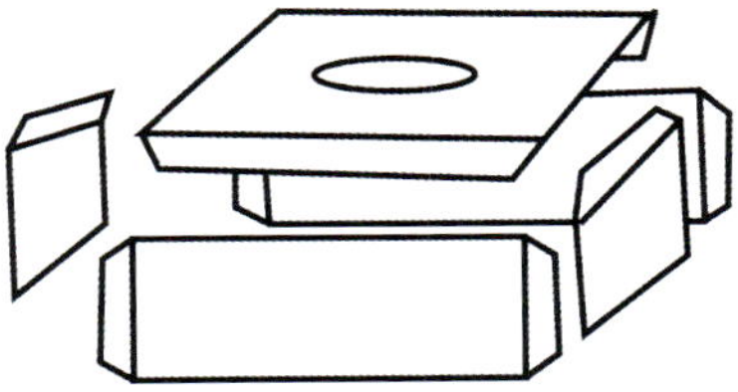

Step 2 将折好的皮片如图以皮革用强力胶粘贴组合成形。

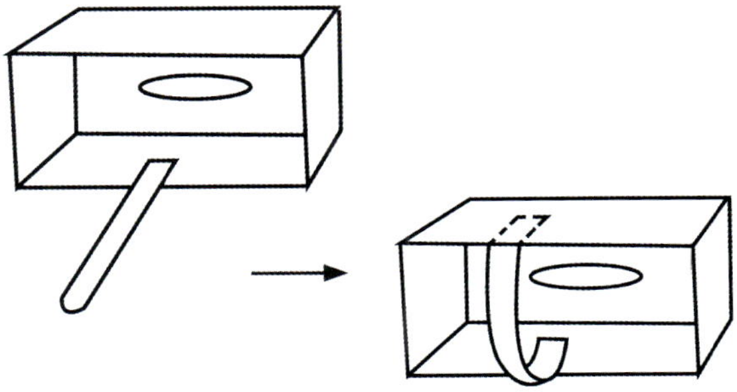

Step 3 底部如图粘上皮条作为扣带（亦可用固定扣或麻线缝固定），皮条另一端粘上魔鬼粘。

两用iPhone皮套

P120

难易程度 80%

主要材料：主体、提带、扣耳皮片：依附录版型裁下

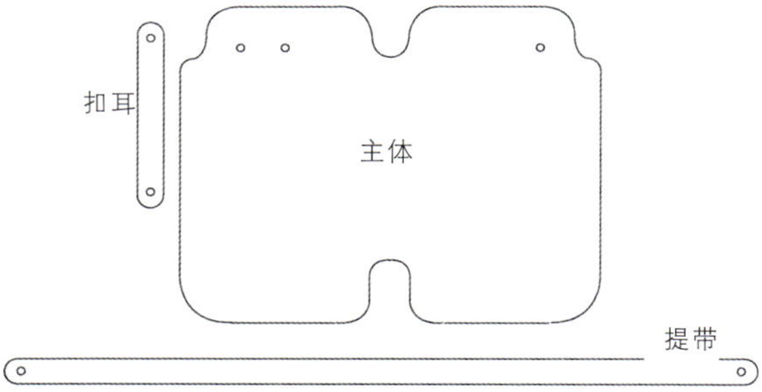

主要工具：四菱錾或二菱錾、圆錾、6mm平凹錾、万用环状台、皮革用浓度白胶、间距规、蜡线、丸针、研磨片、木制修边器、床面处理剂、上胶片、抛光乳蜡

做法

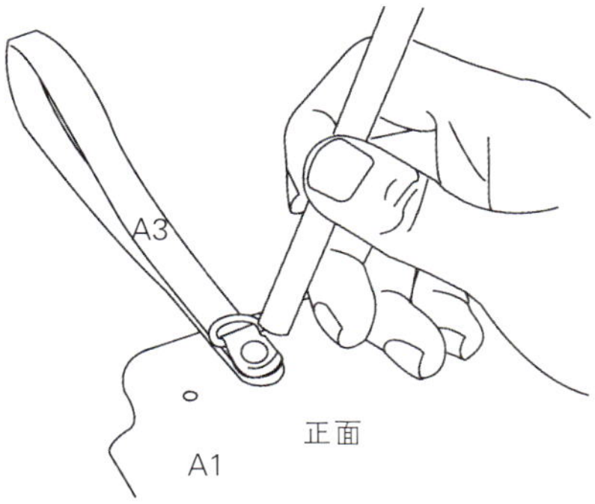

Step 1：先将主体皮片（A1）做好反面处理，依图将左边中间的孔放入固定扣脚，套上提带皮片（A3），再套上三角钩五金，盖上固定扣盖子，用6mm平凹錾固定即可。

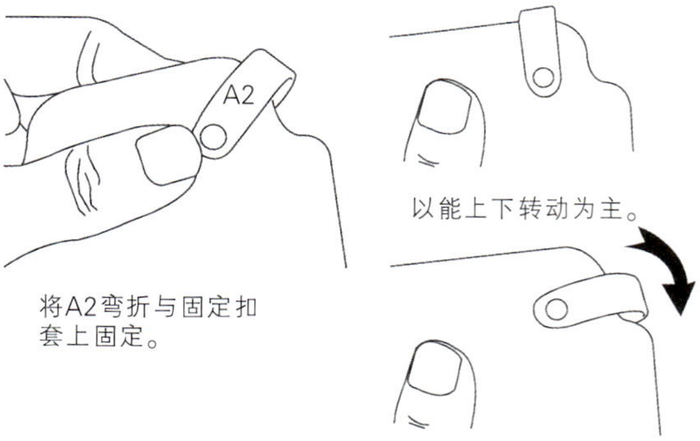

Step 2：扣耳皮片（A2）套上主体，固定扣套上用6mm平凹錾轻敲，注意不要打太紧或太松，以扣子能转动为主。

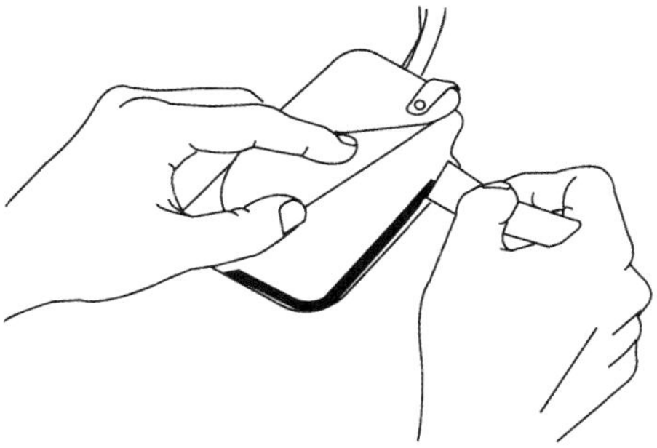

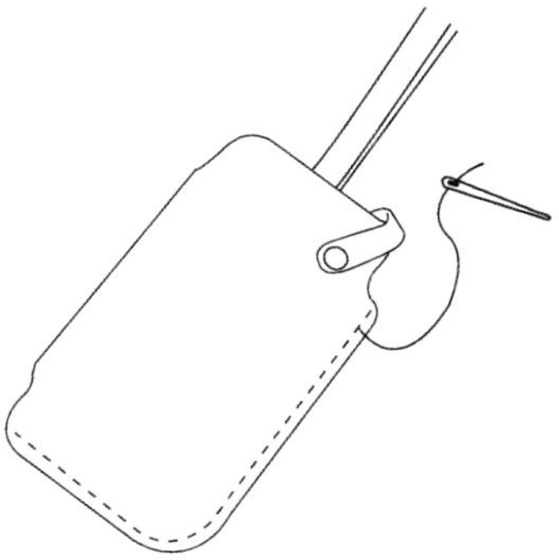

Step 3　如图，翻开主体侧缘0.5cm用上胶片涂上薄薄的一层皮革用浓度白胶，贴合固定准备缝合的地方。

Step 4　如图将虚线处缝合后，修边即完成。

边缘修饰

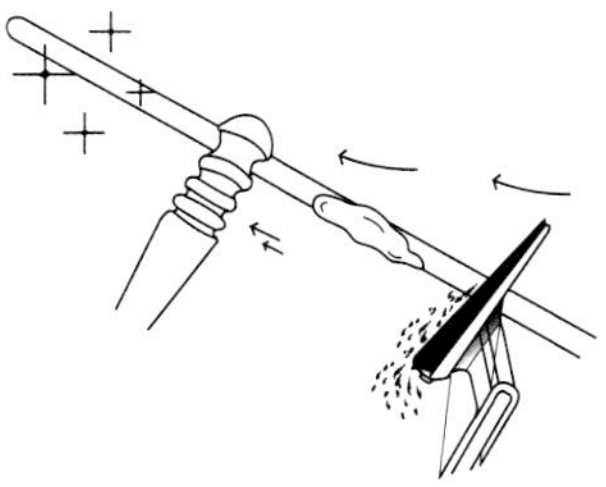

将不齐的皮片边缘用研磨片磨过，再上点床面处理剂，最后以木制修边器抛光即可。

反面处理

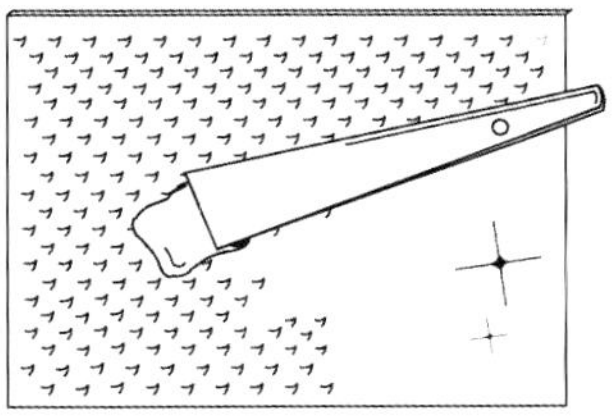

用上胶片蘸取适量的床面处理剂，均匀涂抹于皮革反面。干后表面会变得平滑紧致，不会再产生皮屑。

缝制方法

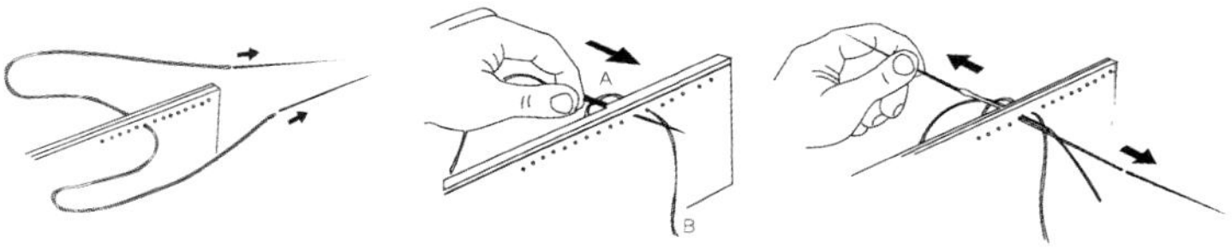

Step 1　　Step 2　　Step 3

A线头穿过下一个缝孔拉紧，B线头一样穿过同一个缝孔，左右拉紧即可。

切记拉紧时，需注意线有无缠绕、力量是否平均。

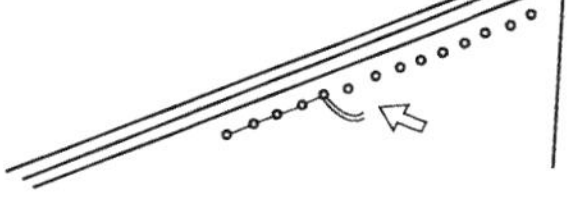

结尾收针

结尾时将线剪断，多余的线尾涂点皮革用浓度白胶塞在缝孔内即可。

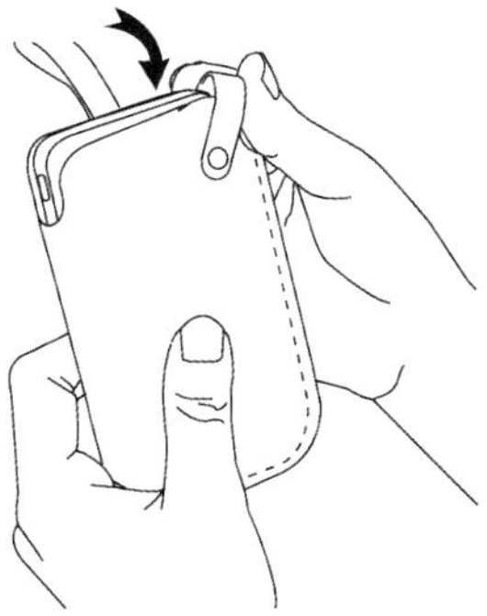

Point　将iPhone放入后，只要将可活动的皮耳翻上去即可固定住皮套。

饰扣钥匙圈

P121

难易程度 50%

主要材料
所需皮片：依附录版型裁下
牛仔扣：1组
空心钉、活动钩：各1组

做法

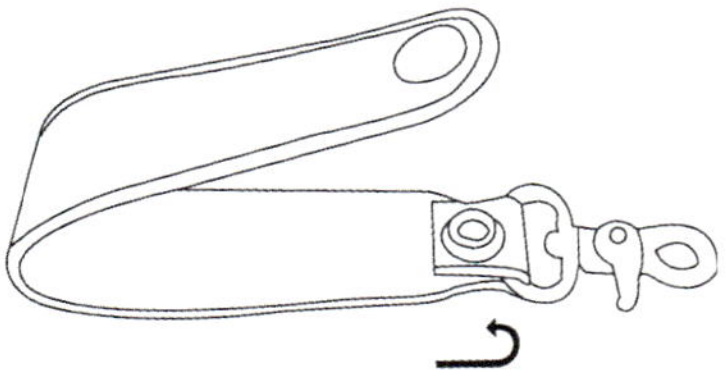

皮片依下述缝制方法缝好，接着套入活动钩反折，打入牛仔扣底座及上盖即完成。

缝制方法

Step 1

A线头穿过下一个缝孔拉紧，B线头一样穿过同一个缝孔，左右拉紧即可。

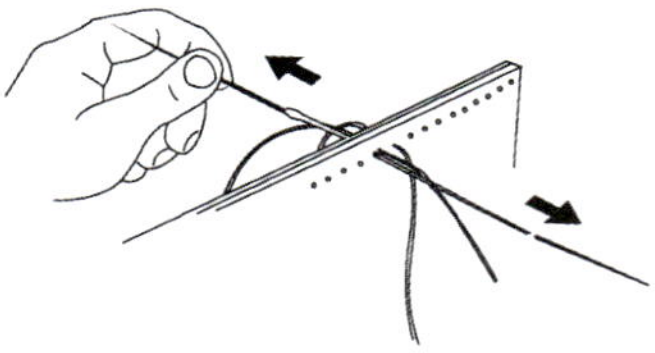

Step 2

切记拉紧时，需注意线有无缠绕、力量是否平均。

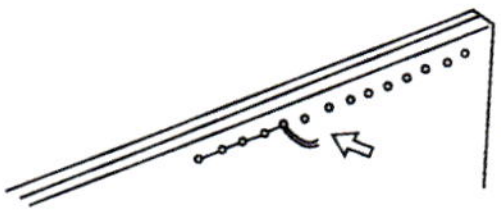

结尾收针

结尾时将线剪断，多余的线尾涂点白胶塞在缝孔内即可。

编织皮链

P122

难易程度 80%

主要材料：2mm皮条：2片，0.5cm × 150cm
活动钩：2个

2片

主要工具：剪刀、皮线针、研磨片、木制修边器、床面处理剂、抛光乳蜡

做法：剪下皮条后，依图示编法完成腰链，如需加活动钩或其他五金，请于编织的步骤1就先将五金套入再继续编织。

四股圆编编法

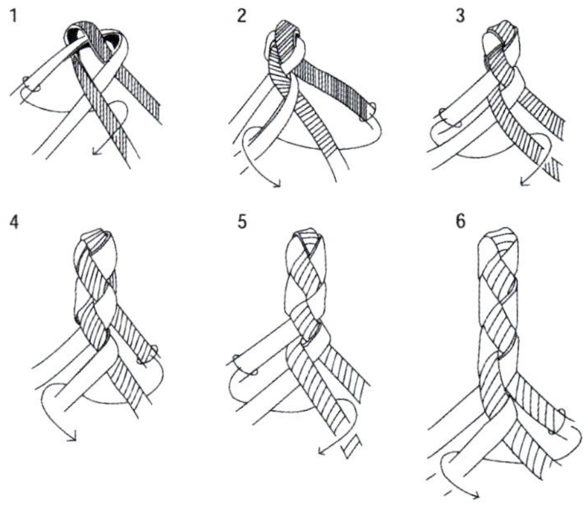

球结结法

笔记本套

P123

难易程度 60%

主要材料

所需皮片：依附录版型裁下
六孔夹：1个
小原子扣：1组
8mm空心钉：2组

做法

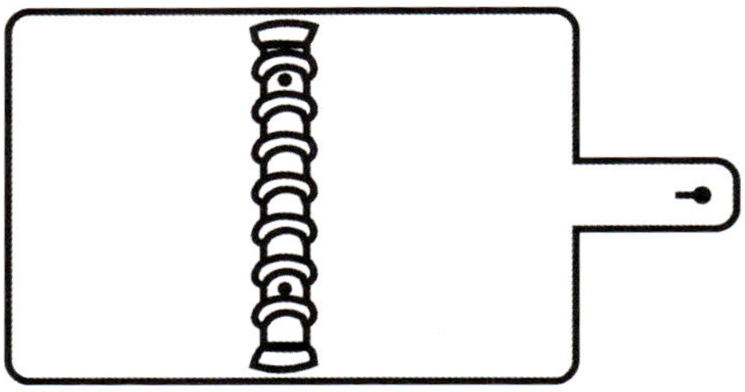

如图，将六孔夹以钉扣固定在皮片上，再装上原子扣即完成。

方形零钱包

P125

难易程度 60%

主要材料

雕刻皮：3片，依附录版型裁下
缝线：1条，120cm
牛仔扣：1组

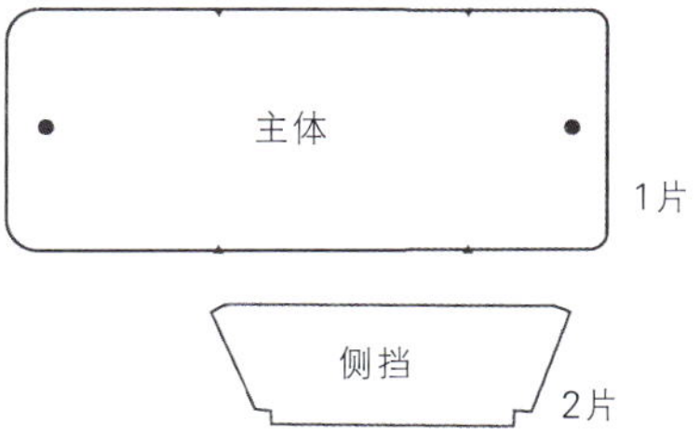

做法

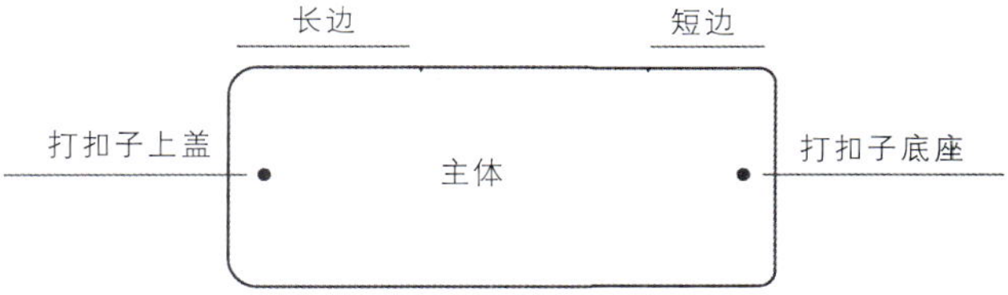

Step 1 裁下所需皮片后，如图打扣，在短边（4cm）处打扣子底座，长边（6cm）处打上盖。

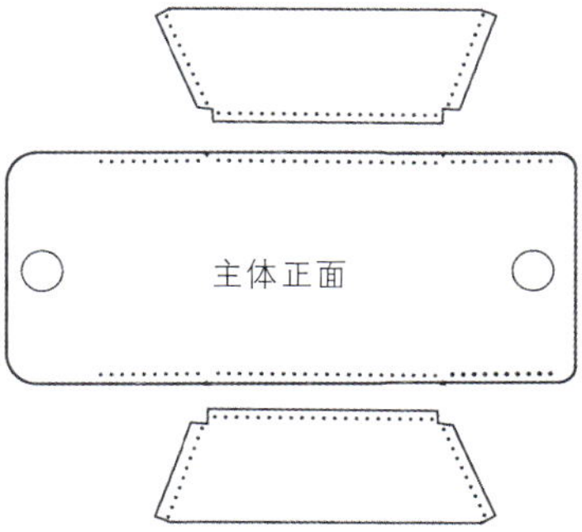

Step 2 将主体与侧挡接缝，如图标示位置，在三边接缝处打缝孔，依序缝合即完成。

马蹄形零钱包

难易程度 70%

P125

主要材料
雕刻皮：7片，依附录版型裁下
固定扣：2组

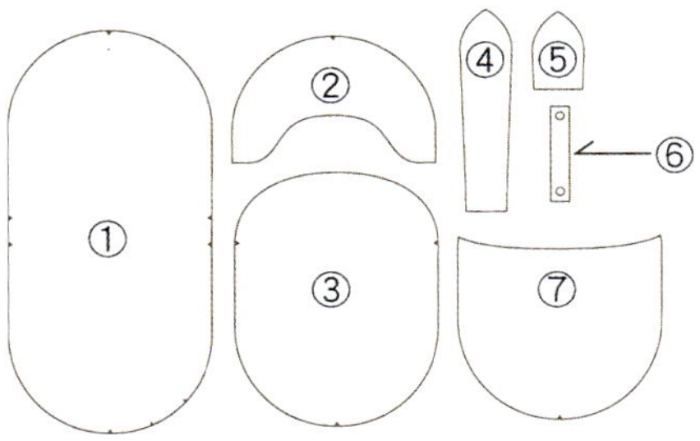

做法

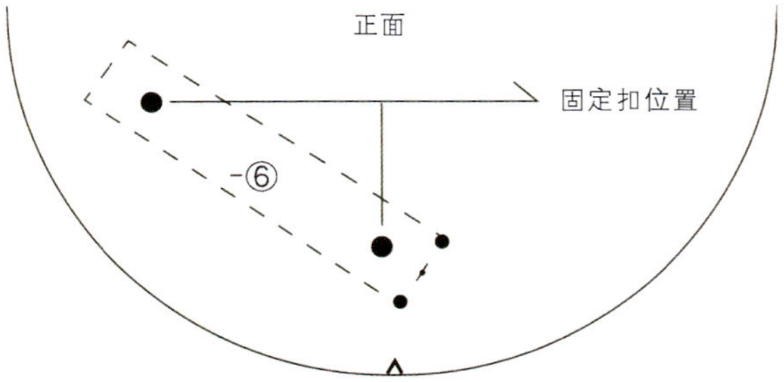

Step 1
皮片①依照上图用锥子将插片位置点出（做4个记号点），再将皮片⑥对上后，连同皮片一起打上固定扣。

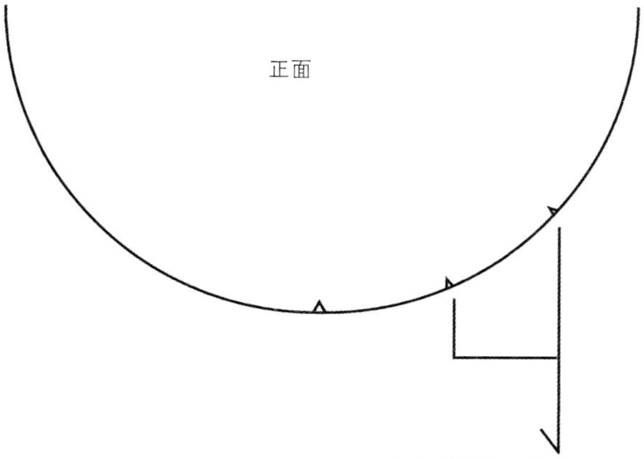

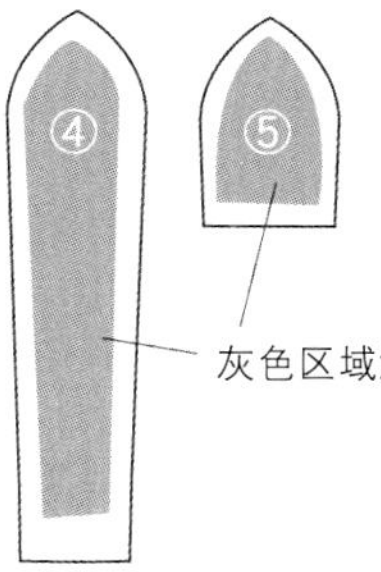

Step 2 皮片①的另一边依照上图做出记号，这是插片④缝制位置。再将插片④、⑤上胶对粘好备用。

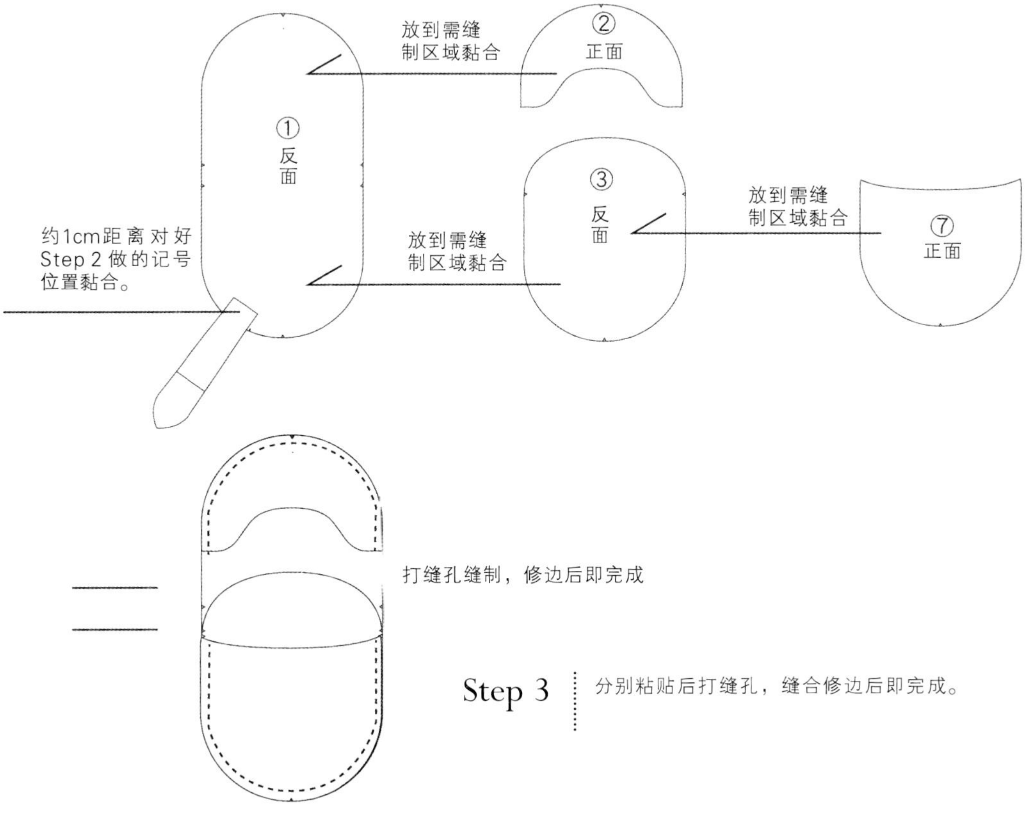

Step 3 分别粘贴后打缝孔，缝合修边后即完成。

圆形笔袋

难易程度 80%

P126

主要材料
所需皮片：依附录版型裁下
拉链：1条

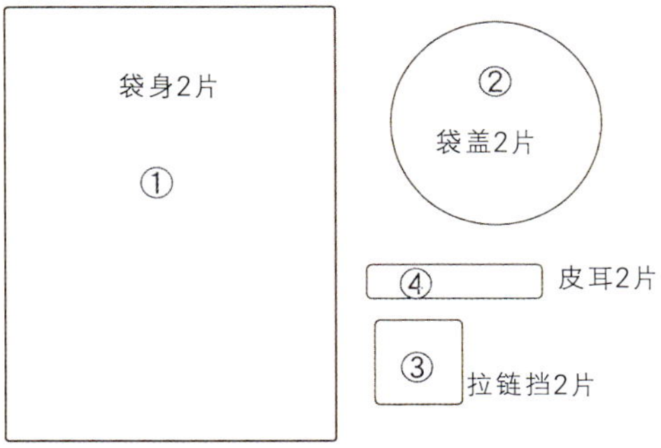

主要工具

胶板、木锤、间距规、皮革用浓度白胶、上胶片、丸针、防护保养油、缝线、菱錾、床面处理剂、木制修边器、修边工具、线引器、0.3cm双面胶带

做法

--------标示为缝线打孔处

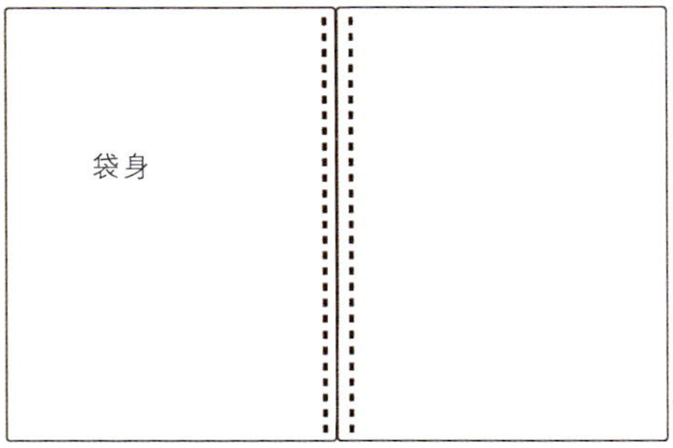

Step 1 如图将两片袋身拼成一块，在拼接位置各往左右划线（线引器调到4mm），对齐打孔，位置要平行，注意左右侧的孔数须一致。

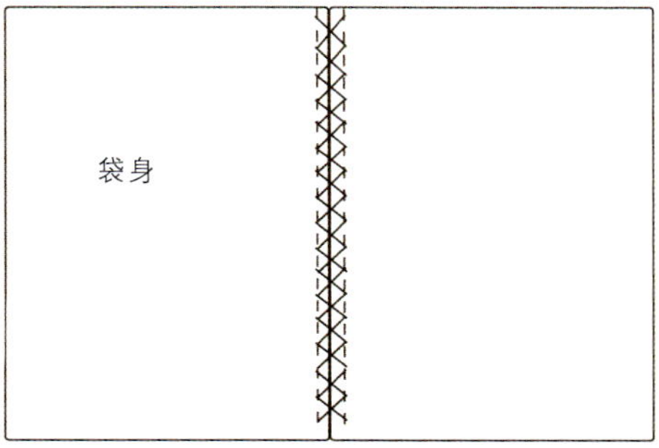

Step 2 如图打完孔后，准备缝线120cm，交叉缝合（缝制范例如上图）。

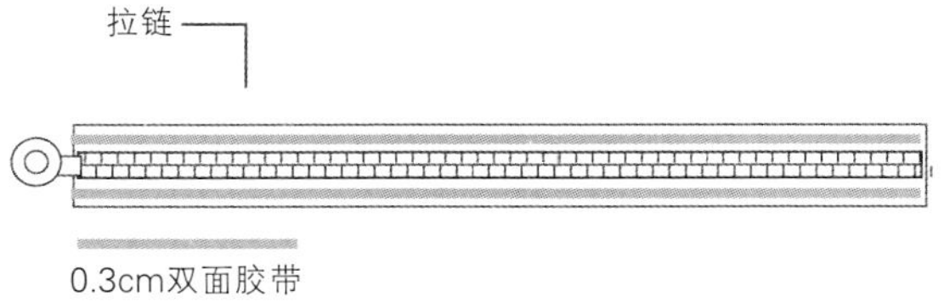

Step 3 如图，将拉链剪至适当长度，在左右侧贴上0.3cm双面胶带。

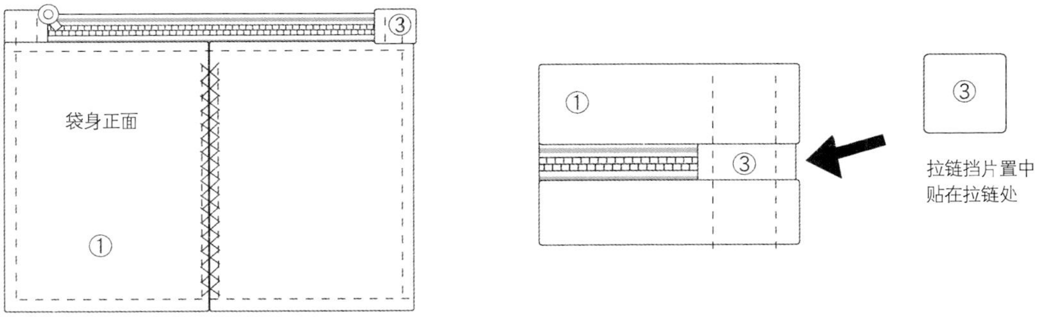

Step 4 如左上图，在缝接好的袋身上方，加上拉链挡片③，往下内贴7mm并贴齐在左右两侧。将拉链上的双面胶带揭掉与袋身贴齐，间距量3mm打缝孔，即可缝制拉链，缝制拉链准备的线长各为75cm。

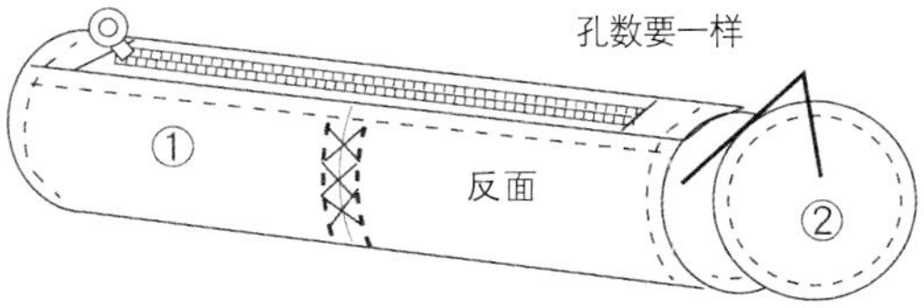

Step 5 拉链缝好后，将袋身翻至反面，距袋盖边缘4mm圆周划线打缝孔，袋盖②孔数与侧边孔数要一致。

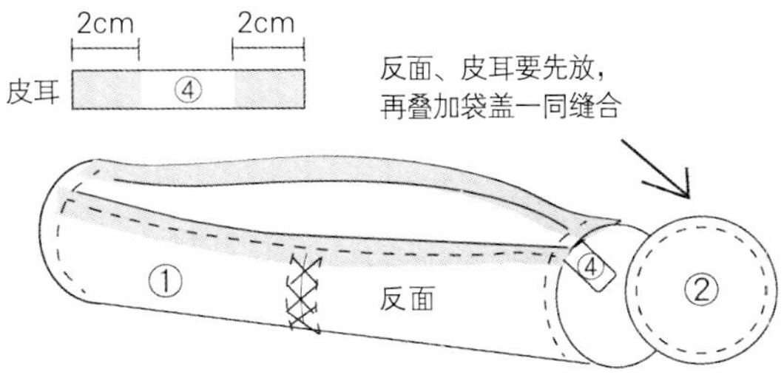

Step 6 皮耳对折置入，再叠加反面的袋身①与袋盖②一同粘贴缝合，准备的线长各为65cm，缝完再翻回正面，做细微调整塑形即完成。

革工具包

P127

难易程度 80%

主要材料 所需皮片：依附录版型裁下

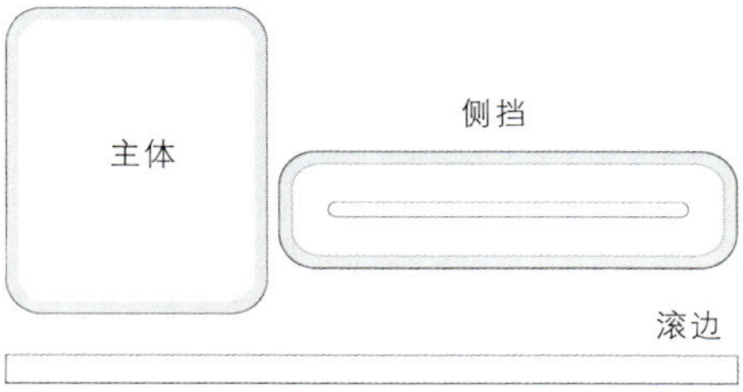

主要工具 四菱錾或二菱錾、铁尺、刀片、剪刀、皮革用浓度白胶、间距规、蜡线、丸针、中细麻线、研磨片、三用磨缘器、床面处理剂、皮革用强力胶、上胶片、0.5cm双面胶带、牛脚油

做法
1.如不染色，可先用牛脚油均匀涂于皮革表面。
2.如要染色，则等染完色干后再涂上牛脚油。
3.待牛脚油被吸收后即可开始以下制作步骤。
（上过牛脚油的皮革会较有弹性，翻包时更容易塑形。）

侧挡与拉链接合

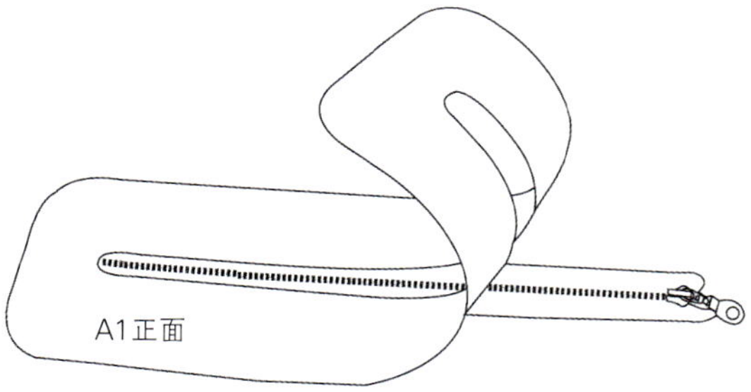

Step 1 侧挡皮片开口边缘贴上双面胶带，再与拉链对贴。

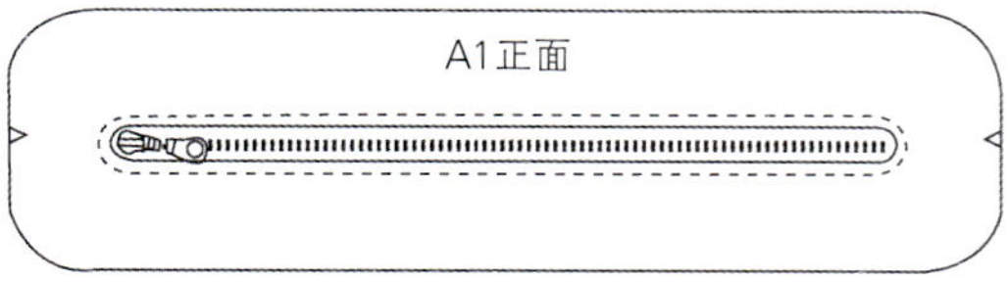

Step 2 对贴完后，拉链边缘0.4cm处连同皮片一起打孔并缝合。

滚边条制作

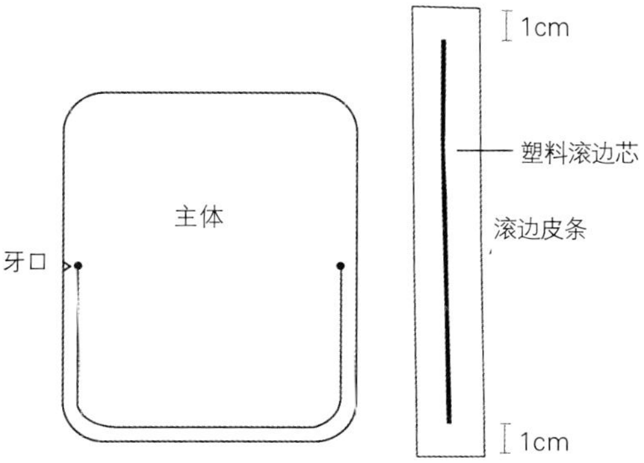

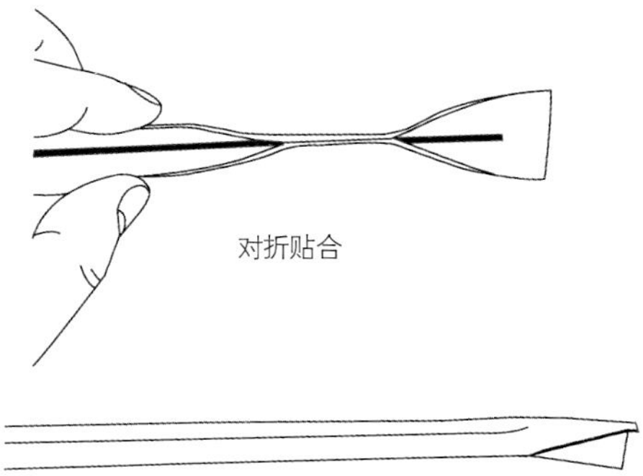

Step 1　将塑料滚边芯依左图位置（牙口起始处）测量，共裁切两根备用。再依右图在滚边皮条反面涂上皮革用浓度白胶，再放入塑料滚边芯，注意前后需空出1cm。

Step 2　滚边皮条如图对折贴合，注意贴合紧密，将滚边形状压出来。

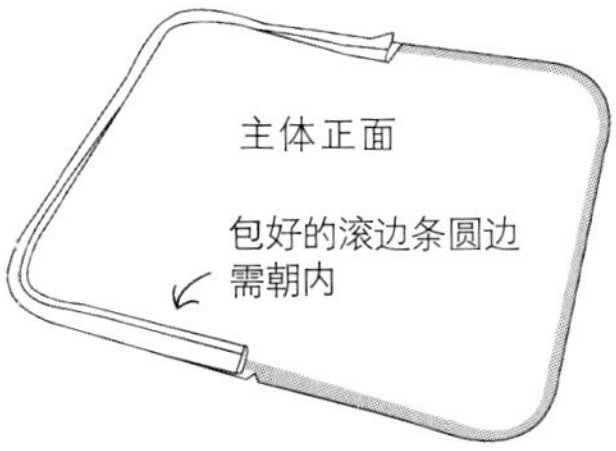

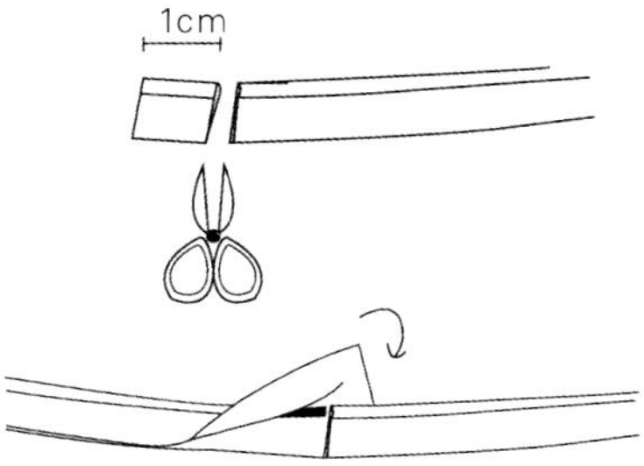

Point　滚边条接合处需刚好相连，不可有空隙。

Step 3　主体皮片边缘0.4cm上皮革用强力胶，先贴合一边的滚边皮条。

Step 4　贴合另一条滚边皮条，至连接处把先前预留的1cm剪去，再塞入另一条滚边皮条里，盖上贴好完成。

侧挡与主体接合

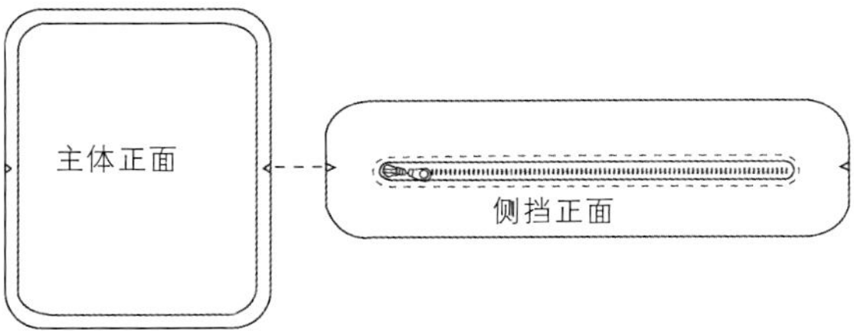

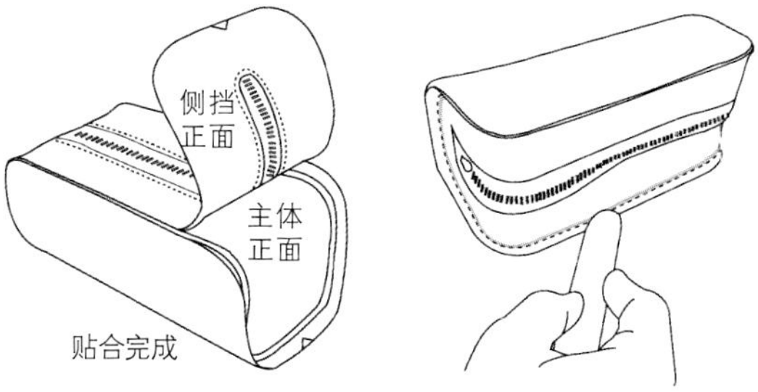

Step 1　主体、侧挡皮片牙口对牙口依序对贴（皮面需对皮面黏合）。

Step 2　贴合完后，使用三用磨缘器或扁长形工具，沿着包包压出缝份（缝份为挤压滚边皮条后多出的皮革缝份）。接着打缝孔并缝合，缝合完毕后可在包包四周轻微打扣，翻包。

夫烈区铜扣短夹

P128

难易程度 80%

主要材料 所需皮片：依附录版型裁下

主要工具 铁规尺（角尺）、美工刀、床面处理剂、木制修边器、研磨片、菱錾、间距规、细丸针2支、麻线、线蜡、上胶片、皮革用强力胶、18mm+13mm牛仔扣工具、万用环状台、长尾夹数个

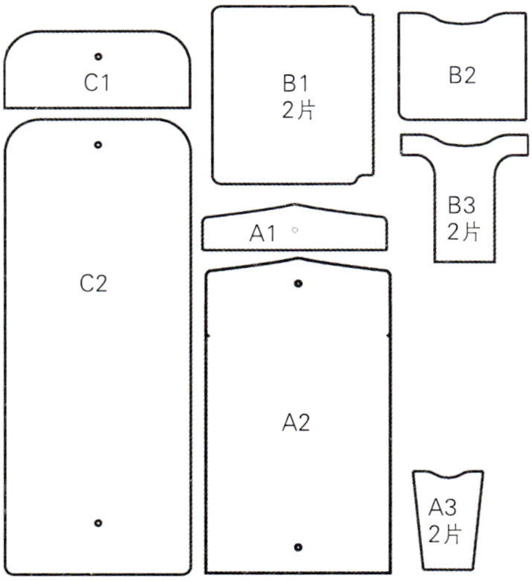

做法

· · · · 标示为打孔位置　　---------- 标示为缝合位置

制作内层零钱包

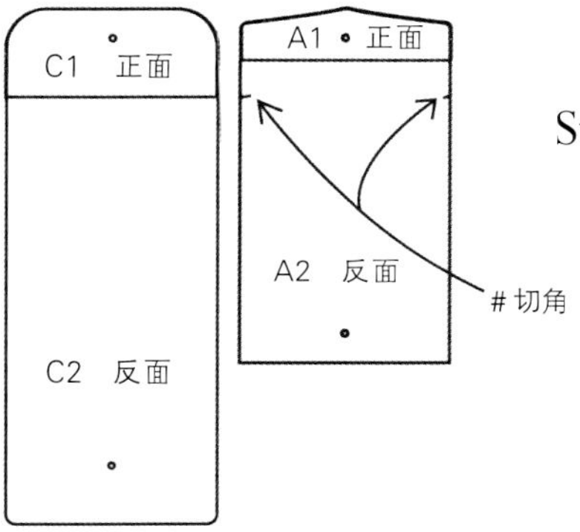

Step 1

皮片正面用抛光乳蜡涂擦，侧面、反面以床面处理剂防护之后，将皮片C1、C2与A1、A2依图以强力胶黏合。

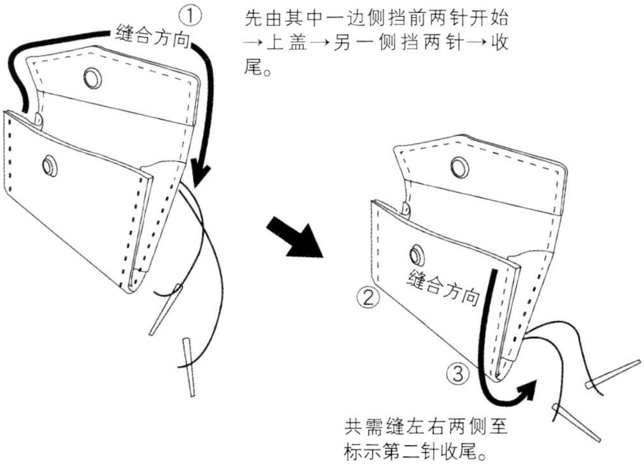

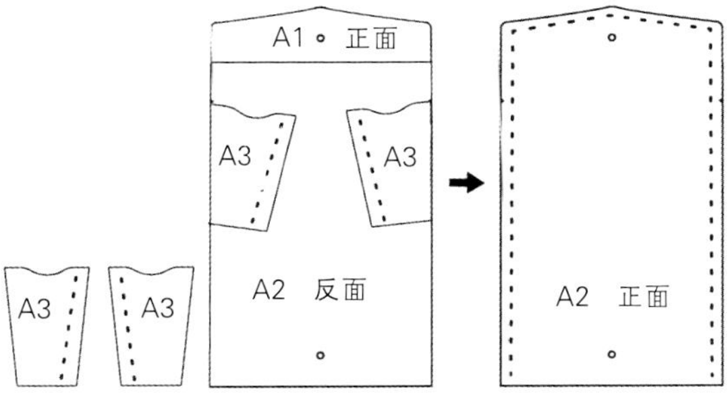

Step 2

皮片A3两片依图打缝孔，再将A3左右侧缘上胶，粘贴在A1+A2皮片左右侧的"切角"位置，再翻至正面打缝孔。

Step 3

装上13mm牛仔扣，如图依照①、②顺序缝合零钱包，注意中间标示的缝孔位置暂时不缝合。

卡夹与内层制作

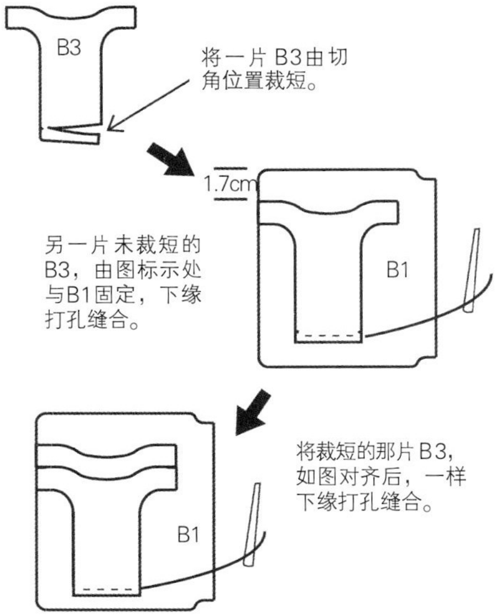

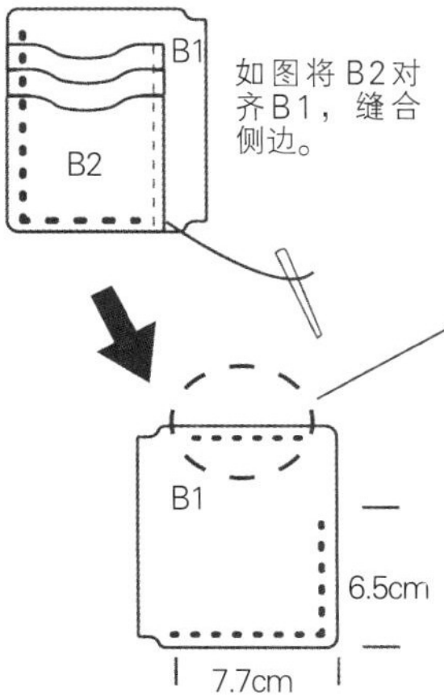

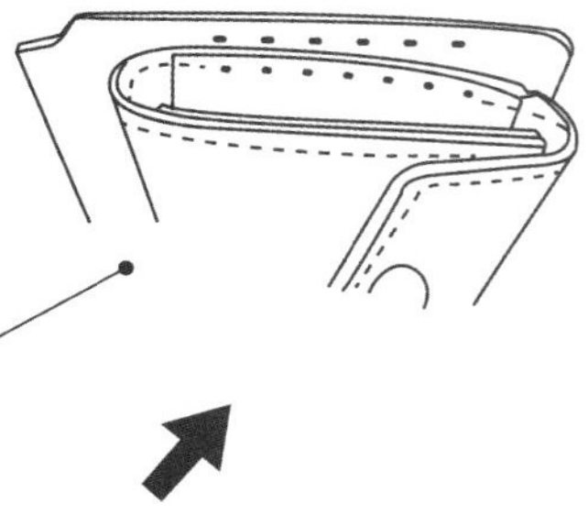

取另一片B1，底下的部分，依图标示长度打缝孔。再将已做好的零钱包放上，量出剩余该缝合的缝孔数并做记号后，划线距打孔。

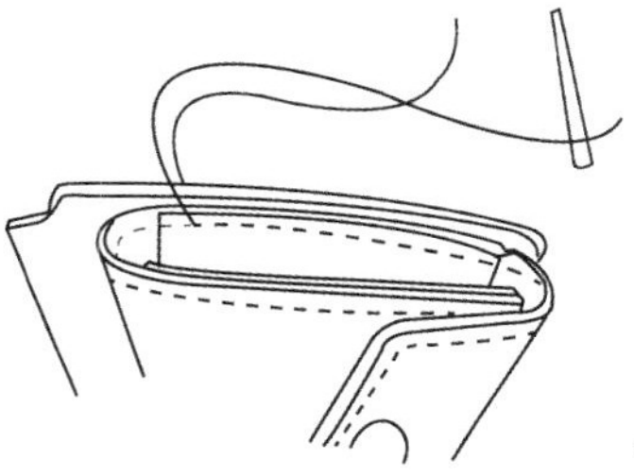

把前一步骤打好的缝孔缝合起来。

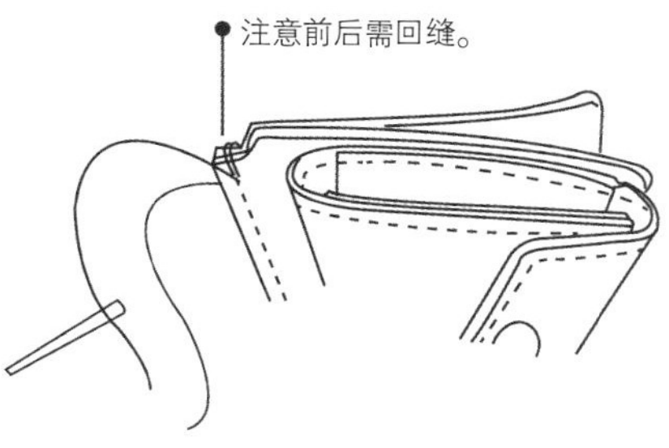

卡夹层与零钱包层对贴，划线距打缝孔后，如图示缝合。

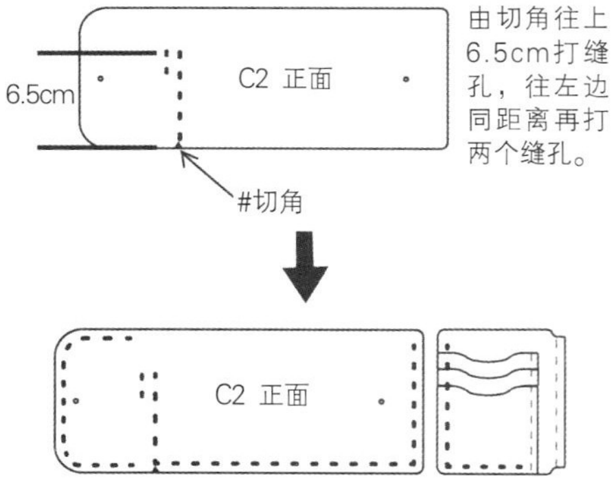

另一侧与先前缝固定的卡夹＋零钱包对齐，点出打孔位置，划线距打孔，底下和前扣部分也一起补上。

缝合各部位

依图分两个步骤缝合，先将所需缝线的长度算出，备用。

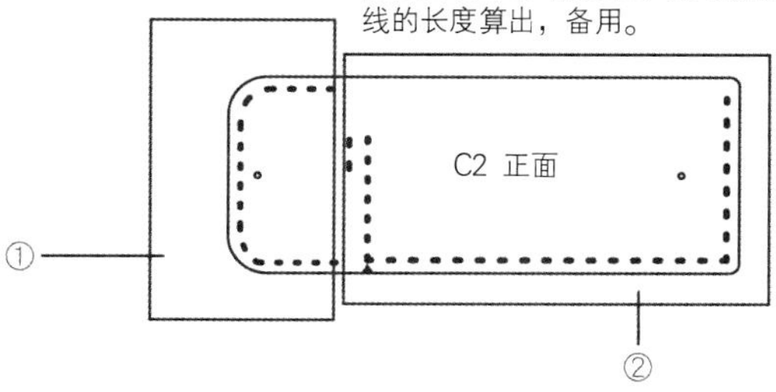

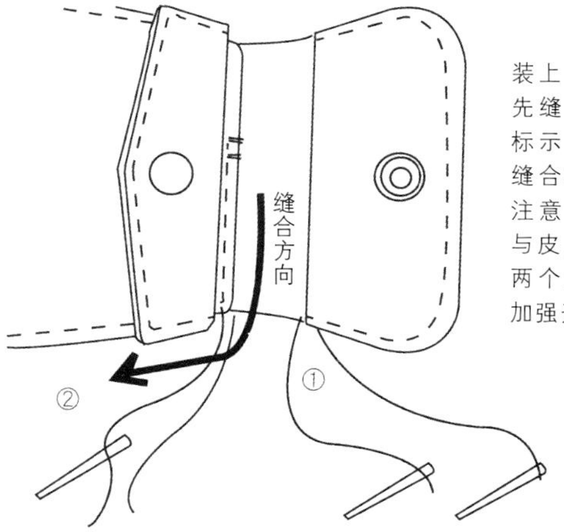

装上18mm牛仔扣，先缝合①上盖，再由标示的缝合方向开始缝合②主体与夹层。注意一开始的两针需与皮片C2左边多打的两个缝孔先回缝，以加强开合处的拉力。

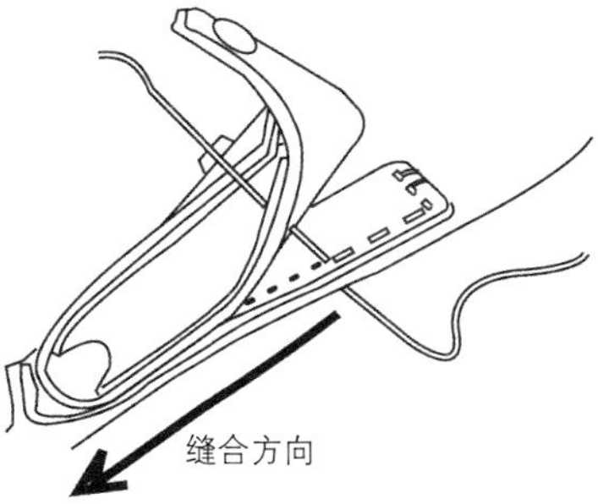

缝制与零钱包接合的部分时，上针穿过零钱包的缝孔后，与先前零钱包未缝的缝孔接缝起来，如图。

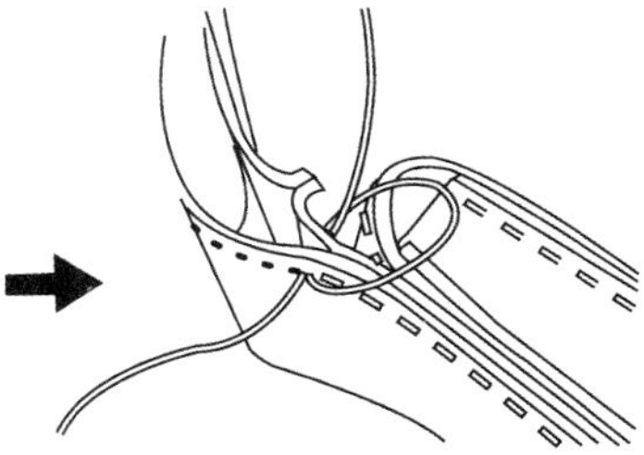

缝制零钱包最后一个缝孔时，先回缝一针。

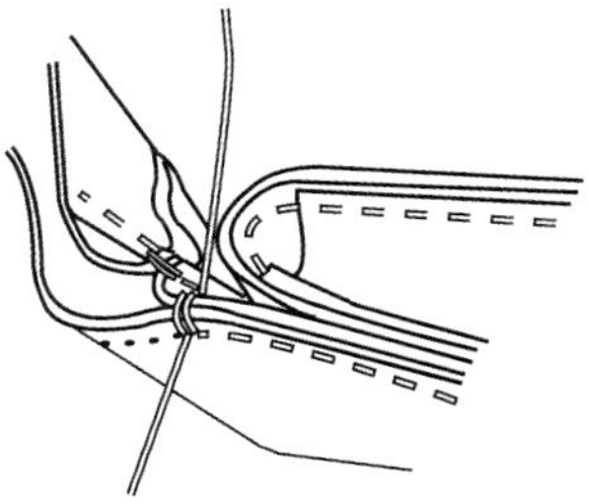

再回缝一针，共回缝两针。

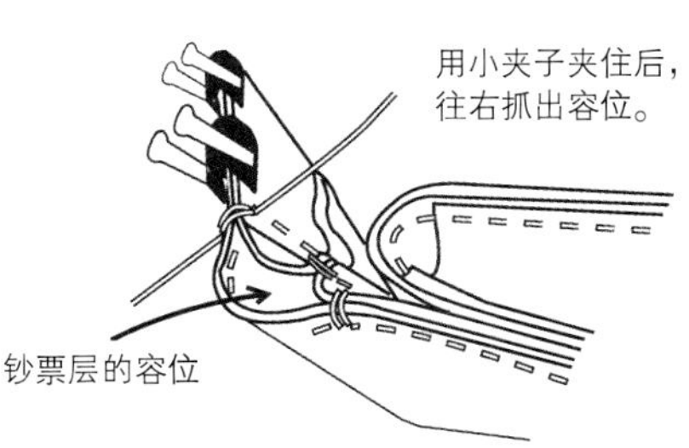

继续往前单缝外皮片至与卡夹层接合处的缝孔，同前面两步骤回缝两针后，完成钞票层。

Point

注意此步骤的操作：可先让卡夹层和主体片对齐左边，用小夹子夹住固定，再往右抓出容位。

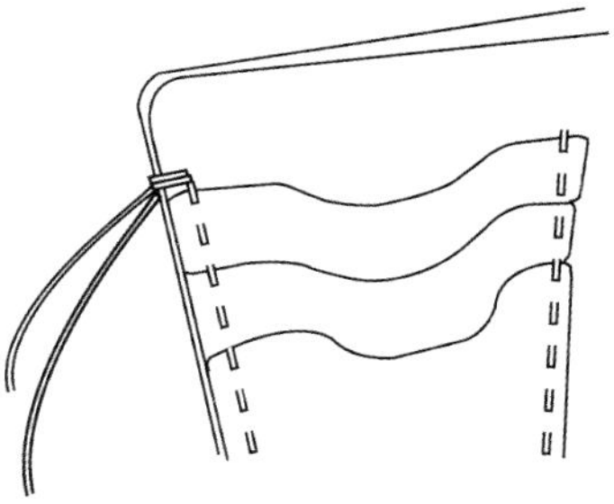

继续往前单缝外皮片至与卡夹层接合处的缝孔，如前缝线做法回缝两针后，完成钞票层。

铜扣圆筒包

P129

难易程度 80%

主要材料

所需皮片：依附录版型裁下

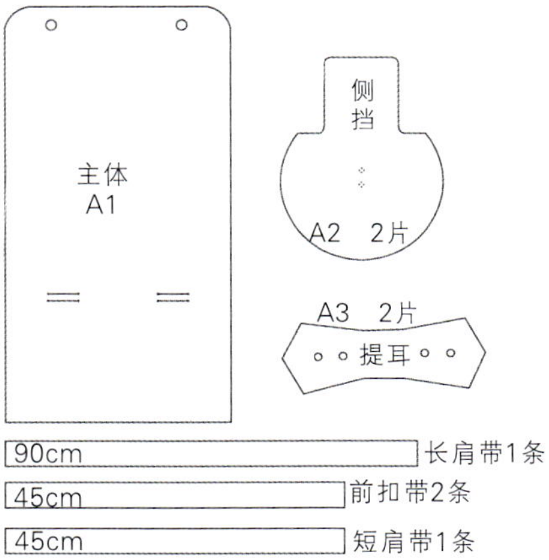

主要工具

四菱錾或二菱錾、剑形钻孔器（小）、圆錾（8号、15号）、8mm平凹錾、皮带錾（大）、铁尺、刀片、剪刀、皮革用强力胶、间距规、蜡线、丸针、研磨片、木制修边器、床面处理剂、抛光乳蜡

做法

主体打孔及侧挡接合

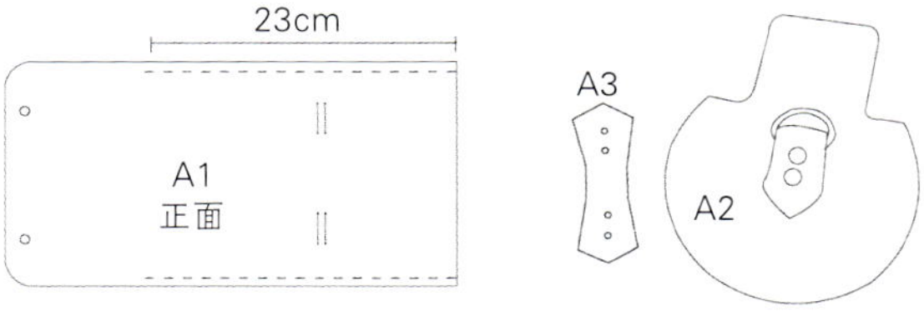

Step 1 如左图，A1皮片边缘打缝孔，打至23cm处。如右图，两片A3皮片中间各套入D形环对折，再对齐A2皮片上的小洞，装上固定扣打合即可。

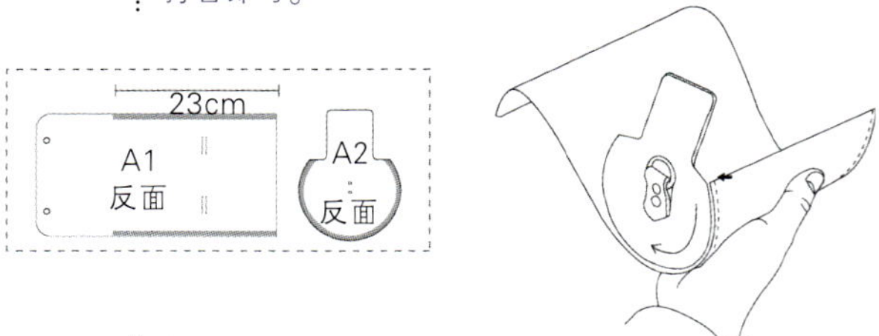

Step 2 如左图，在灰色区域（皮革反面）涂上0.5cm宽强力胶（A1皮片涂至23cm即可，A2约涂一圈）。再依右图箭头处开始对粘一圈即可。

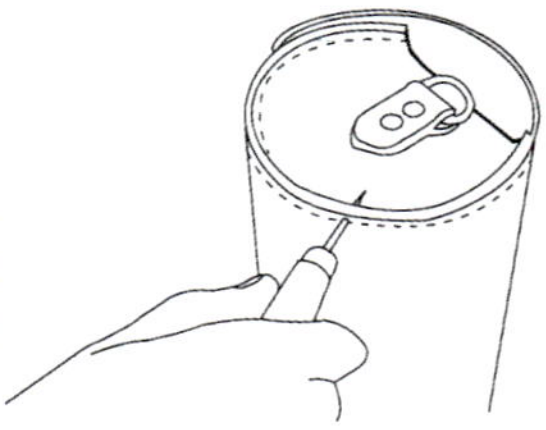

Step 3 将粘贴好的侧挡依主体打孔处一一用剑形钻孔器刺穿，再将侧挡与主体缝合起来。

前扣带固定及肩带制作

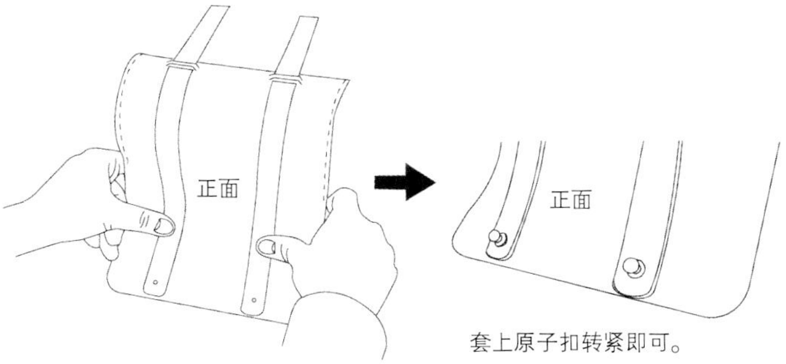

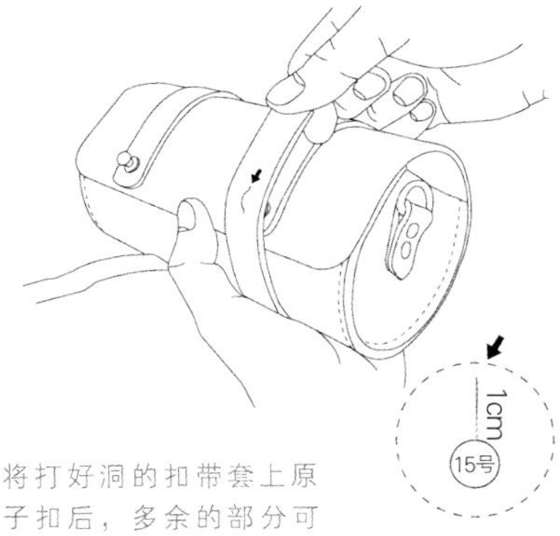

Point 将打好洞的扣带套上原子扣后，多余的部分可依个人喜好裁切。

Step 1 接着将两条45cm长的前扣带从主体底部（两道划开处）穿出，拉至前端（上盖部）与主体对洞对齐做记号打圆洞。

Step 2 将扣带往前绕，使上盖盖合紧密，再用原子扣在扣带上压出凸点（箭头处），做记号之后，打15号、4.5mm圆錾，再用平錾往上打1cm切口即可。

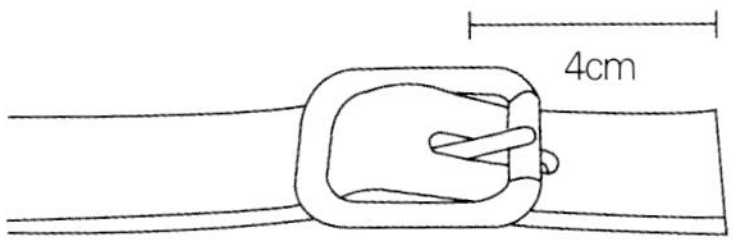

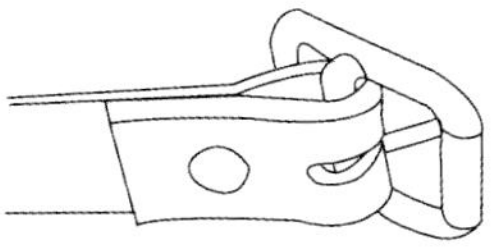

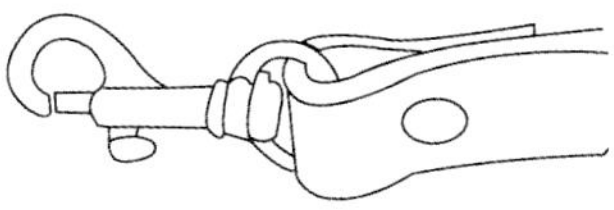

Step 3 45cm长的短肩带对折4cm后，取中央位置打皮带錾，如图将皮带头套入。

Step 4 皮带头套入后，反折部分打8号圆錾，套入固定扣打合即可。

Step 6 尾端反折3cm，套入活动钩，打8号圆錾，套入固定扣打合即可。（90cm长的长肩带也可依此方式将五金件装入。）

船形腰包

P130

难易程度 80%

主要材料
- 所需皮片：依附录版型裁下
- 2.5cm D形环：2个
- 10mm固定扣：5个
- 8mm固定扣：1个
- 2.5cm活动钩：2个
- 2.5cm皮带头：1个

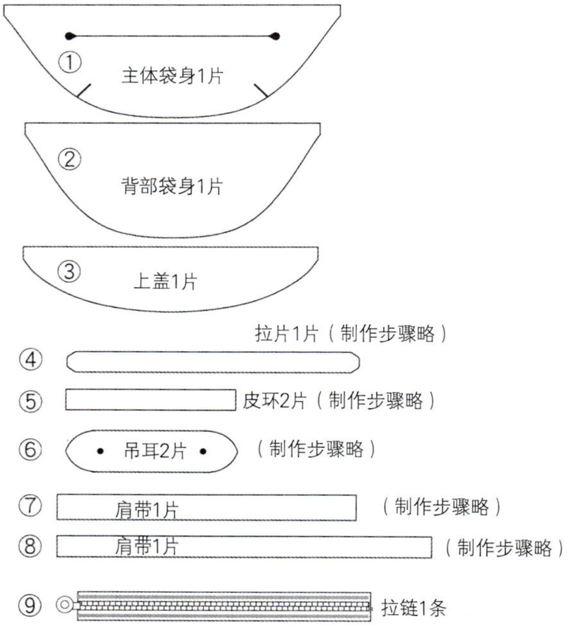

做法

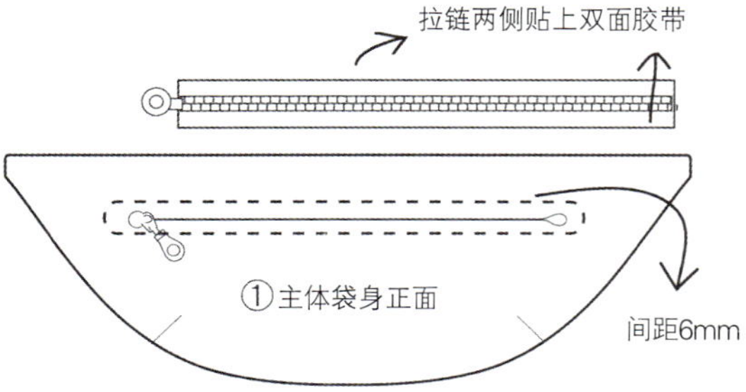

Step 1 如上图，将0.3cm双面胶带贴在拉链布上，再将拉链平行靠齐贴在主体袋身的缺口处，从拉链中心往外间距6mm，划满一圈，打孔缝起。

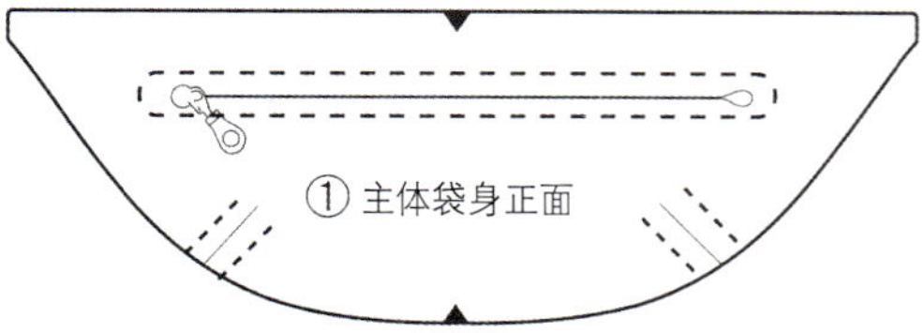

Step 2 在主体袋身的两侧各有斜线切口，从中间往外间距4mm，如图，使用1.5mm菱錾对洞打孔。

Step 3 ①打完孔后，对缝，由下往上缝制，在接口处做加强回缝。

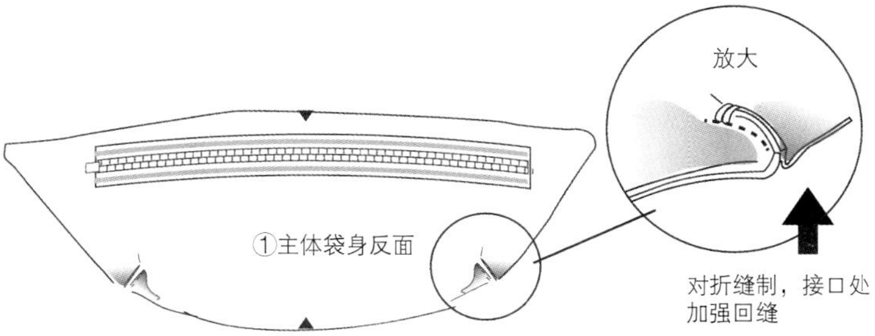

Step 4 皮片③和②周围边际3mm刮粗上胶，如图从反面对准中心点贴合，间距调整4mm打孔缝合。

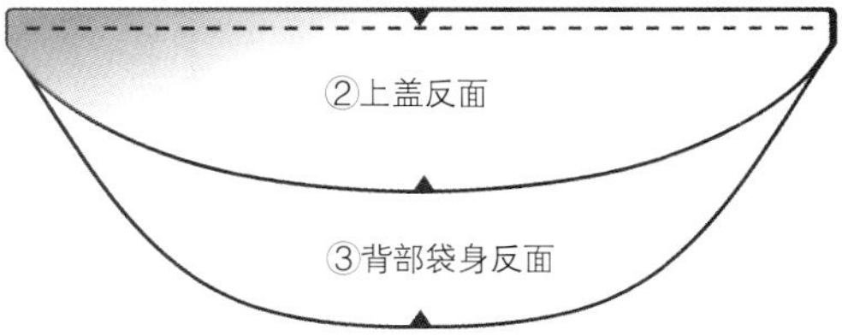

Step 5 将①、②、③剩下未缝合的部分，正面边际刮粗3mm涂强力胶，以中心点对齐向外贴合，间距4mm打孔缝合，边角多余的部分可用剪刀修剪，完成立体形状，如图。

Point 可用小夹子辅助，让皮片粘得更牢，缝合前记得将主体袋身的拉链拉开。

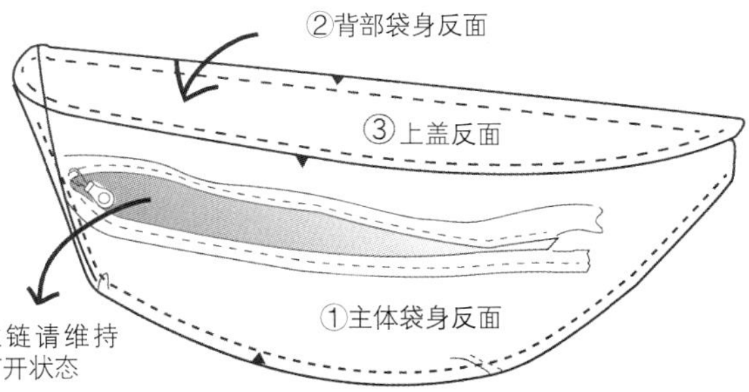

Point 放大处勿缝死，以便后续顺利翻包。

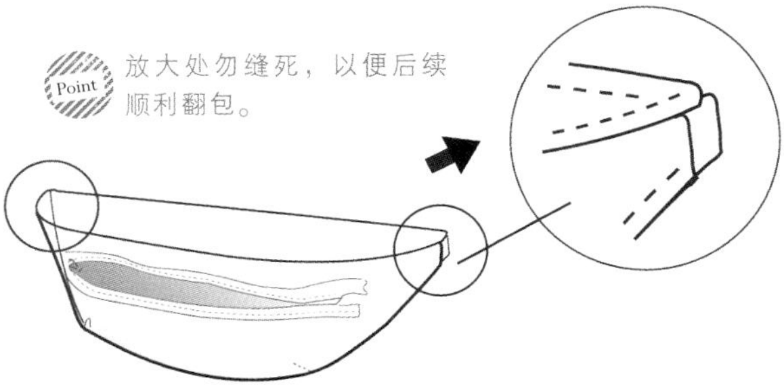

如不染色，建议将所有的皮片都涂上牛脚油让皮革滋润，使用久后皮革会有蜂蜜般的色泽及柔软的手感。

手缝托特包

P131

难易程度 80%

主要材料：所需皮片：依附录版型裁下

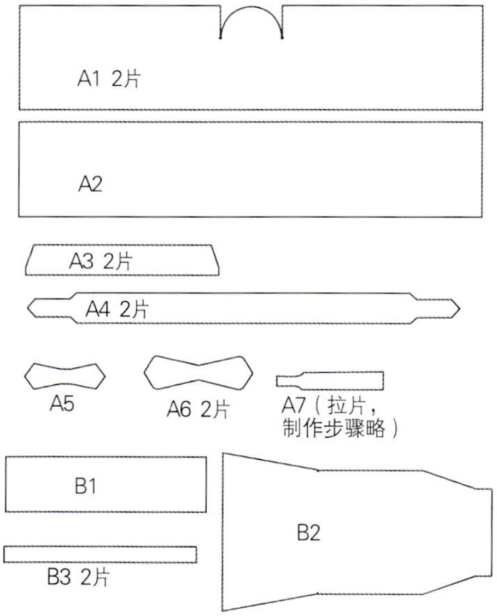

主要工具：四菱錾或二菱錾、剑形钻孔器（小）、铁尺、刀片、剪刀、皮革用强力胶、间距规、蜡线、丸针、研磨片、木制修边器、床面处理剂、抛光乳蜡

做法

主体皮片接合

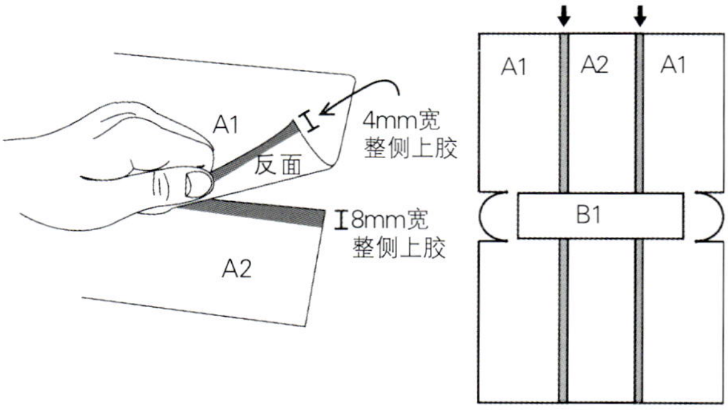

Step 1 皮面先涂上抛光乳蜡做好防护，将两片A1的直边边距4mm和A2直边边距8mm，涂上强力胶黏合（如图灰色处）。黏合后翻至反面在中心位置贴上B1。

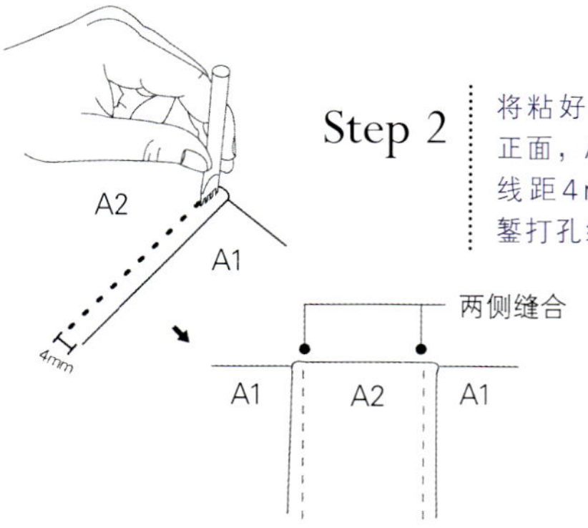

Step 2 将粘好的主体翻至正面，A2左右侧画线距4mm，以菱錾打孔缝合。

肩带制作及与主体接合

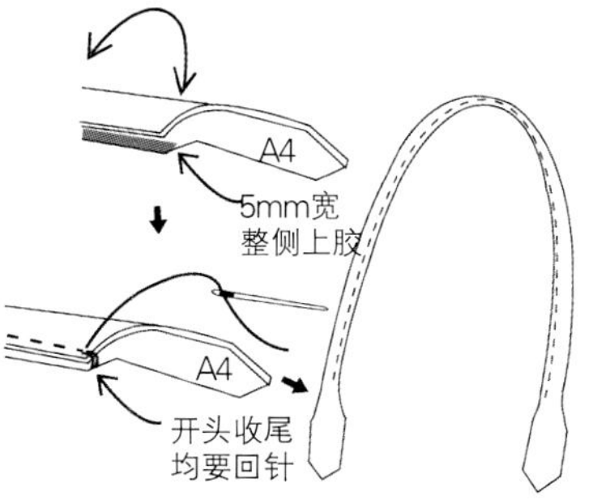

A4反面边缘5mm涂上强力胶，对贴到如图所示处，打孔缝合（注意起针与收针处要回缝）。依此步骤完成两条肩带。

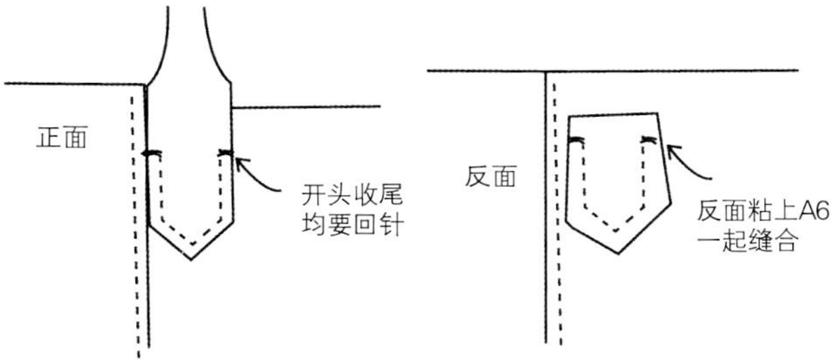

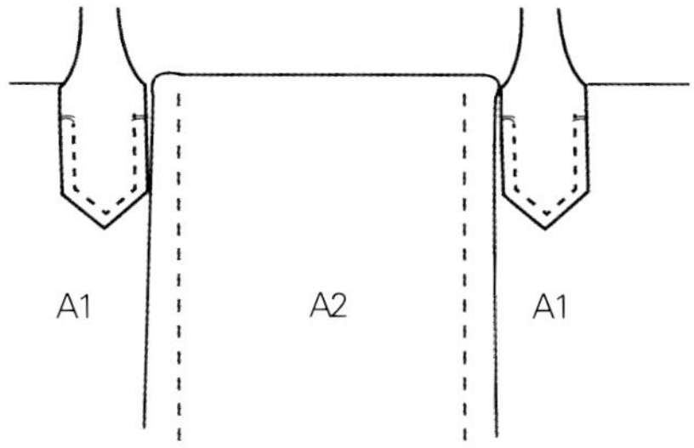

Step 1 如图位置固定肩带，反面对应位置粘上A6，做记号打孔，缝合下方，注意头尾回针。

Step 2 如图，缝合完成。

内袋制作

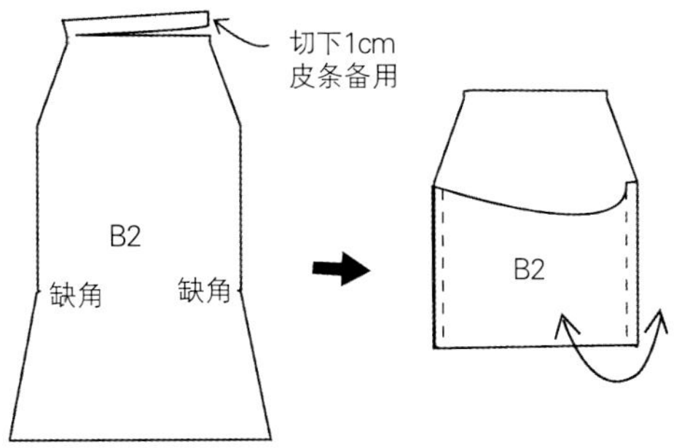

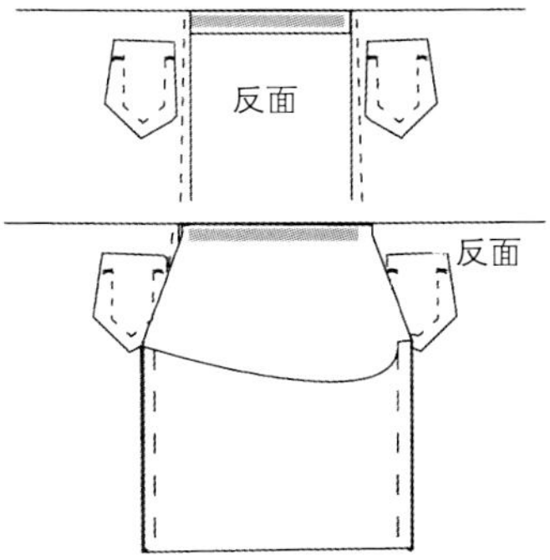

Step 1 将B2上缘切下1cm皮条备用，从缺角往上折，两侧缝份4mm粘胶固定，打孔缝合制成内袋。

Step 2 将内袋与切下的1cm皮条，分别粘在包体前后里侧的上缘。

拉链制作

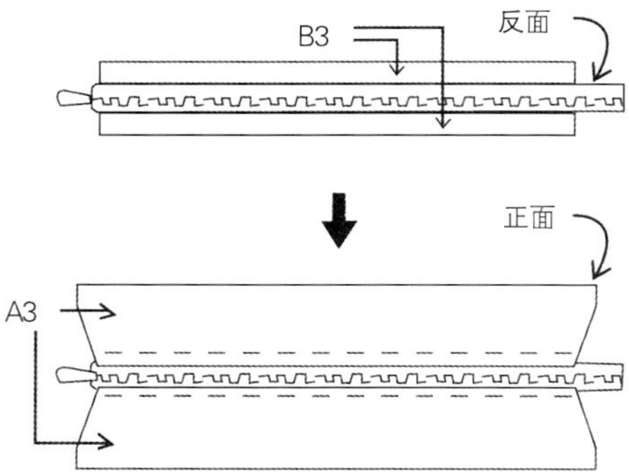

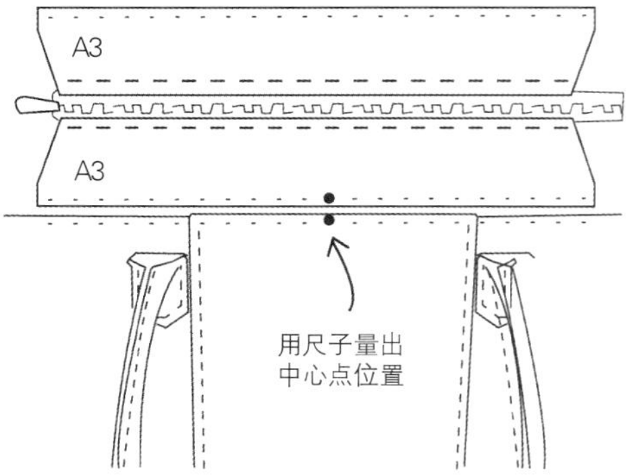

Step 1

将两片B3上胶，粘在拉链反面开口的两侧（此做法可盖住拉链多出的布边，会更美观），再翻到正面，于A3缝份处贴上双面胶带，将拉链与之贴合，打孔并缝合。

Step 2

完成的拉链片左右侧及主体量出中心点位置，对齐并做记号，以菱錾分别打孔（注意孔数需一样才能缝合）。打好孔后先不要缝合，接着做下一个步骤：将包体侧挡上面的直线部分缝合。

包体侧挡制作

Step 1

侧挡请依图①、②、③顺序制作，完成侧挡上缘装饰及直线部分的缝合。

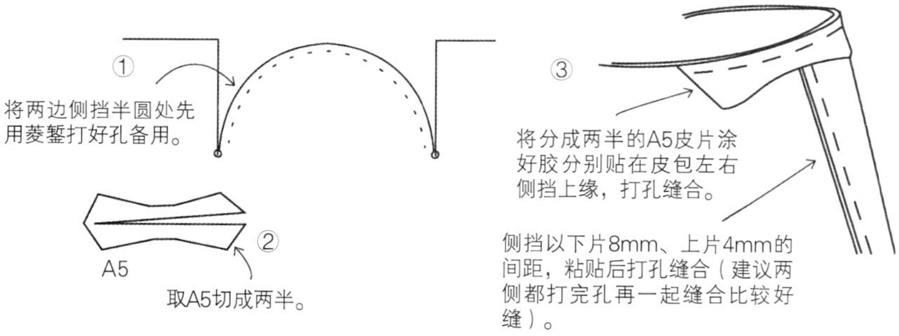

Step 2

侧挡下面的半圆依图示钻孔缝合，注意钻孔时，可在皮包内底部垫海绵＋小胶板，方便施力钻孔。

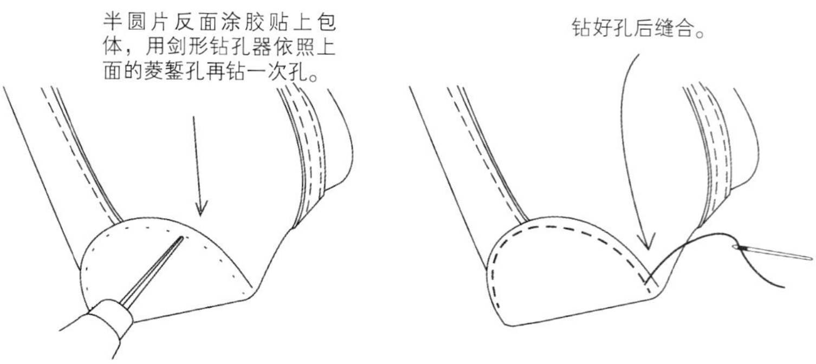

单宁包

P132

难易程度 80%

主要材料：所需皮片：依附录版型裁下

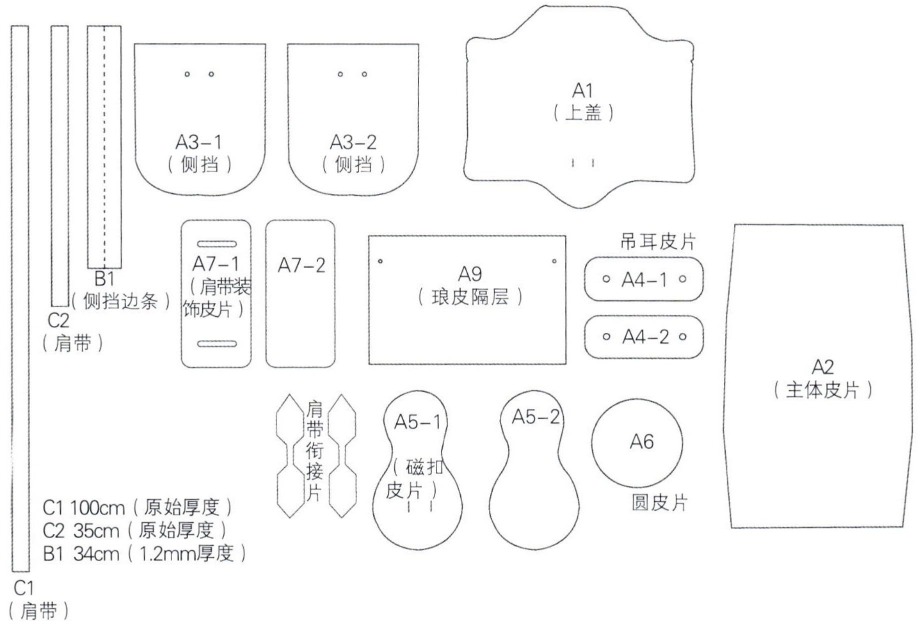

主要工具：铁尺、美工刀、剪刀、四菱錾＋六菱錾＋单菱錾、上胶片（小）、细丸针2根、研磨片、木制修边器、床面处理剂（无色）、抛光乳蜡、防护保养油、中细麻线（米色）＋线蜡、圆錾（8号）、剑形钻孔器（中）、10mm平凹錾、皮带錾（大）、卵錾（小）、间距规（边线器或线引器）、皮革用强力胶、三用磨缘器、长尾夹（小铁夹）、起子（最小号）

做法

侧挡和边条组合

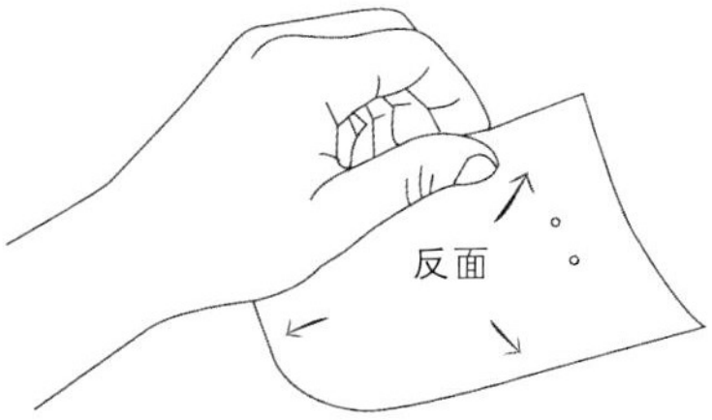

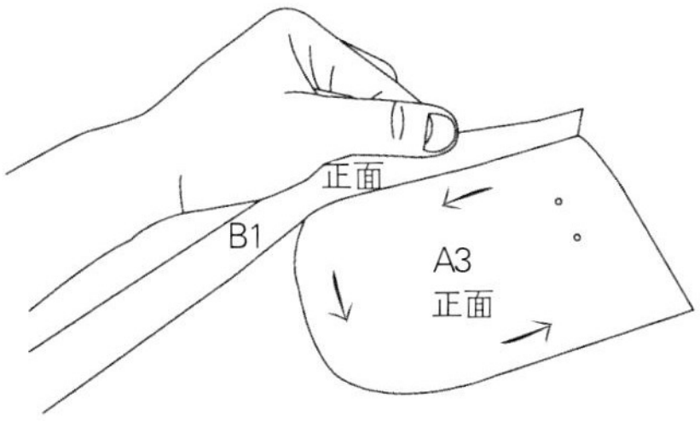

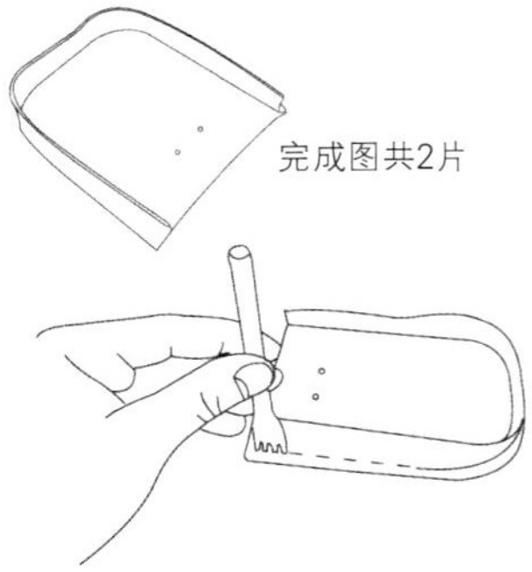

Step 1 将A3-1、A3-2侧挡皮片反面内凹处轻微打湿，再用指腹往外推塑形，待干备用。

Step 2 取裁对半的B1侧挡边条，绕A3边缘一周（顺着箭头方向）对齐上胶黏合。

Step 3 接着用菱錾依序打孔，并缝合完毕备用（头及尾需回绕再往下缝合）。

主体组合

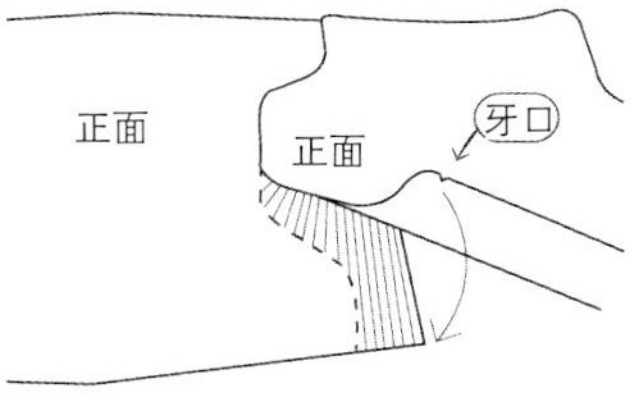

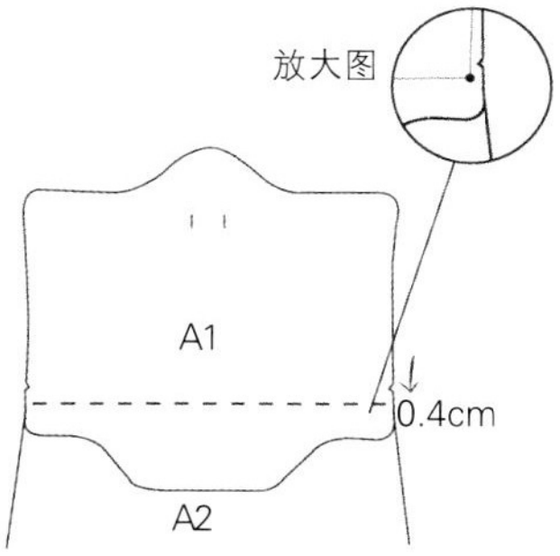

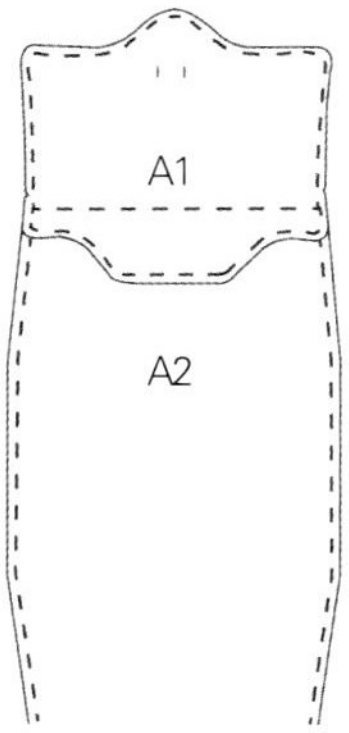

Step 1 将A1上盖皮片依左右边牙口对齐A2皮片上缘，如图虚线处需上胶对贴备用。

Step 2 本作品的缝份皆为0.4cm，粘贴完后用间距规在皮革边缘划线，接着从牙口往下量0.4cm为第一道打孔缝线，打第一道线时，开头及结尾均应在转角的交叉点（如放大图黑点标示）。

Step 3 需打孔的位置如图上虚线。

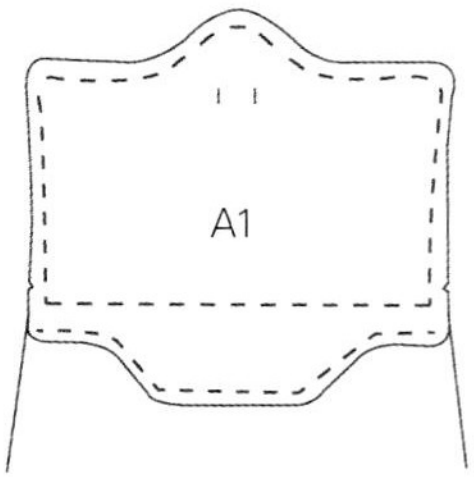

Step 4 如图，需缝合的位置有两段（其余无须缝合）。

五金及配片组合

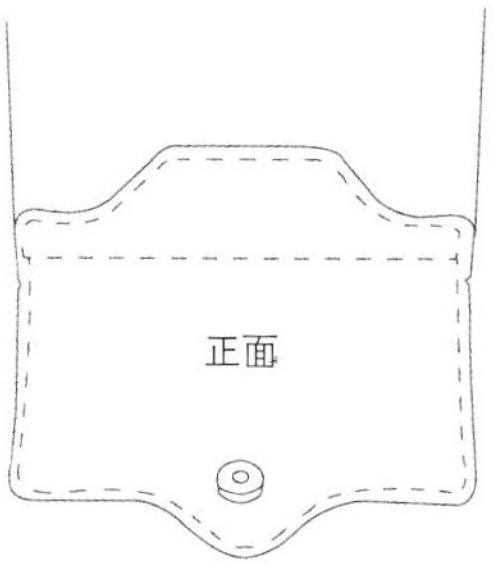

Step 1 将磁扣装于上盖正面横洞上固定。

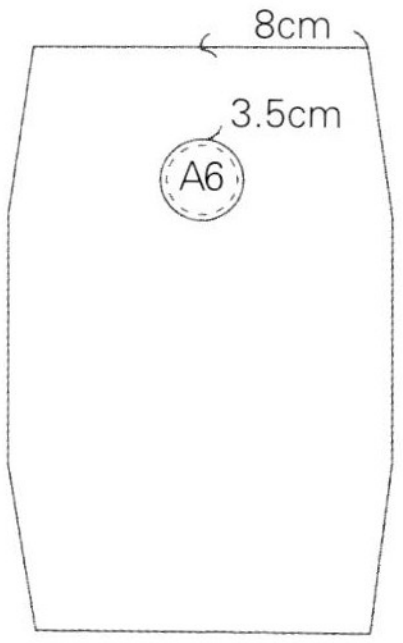

Step 2 将A6圆皮片依图示距离，贴合于主体皮片上并打孔缝合。

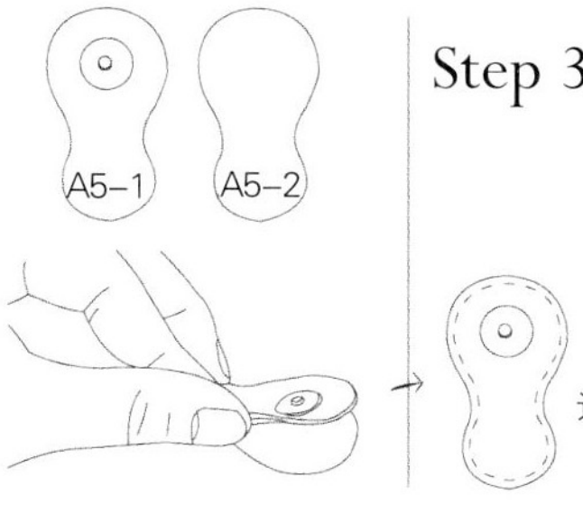

边距0.4cm打孔。

Step 3 A5－1、A5－2磁扣皮片固定磁扣后，背对背贴合。

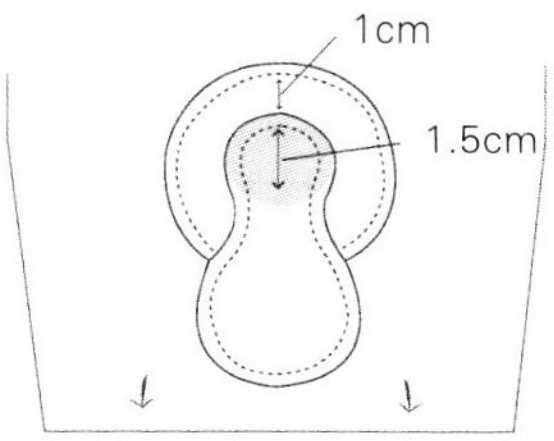

Step 4 打好孔的皮扣如图于大圆1cm处置中定位，图示1.5cm区域为上胶的地方（灰色色块），二者贴合。

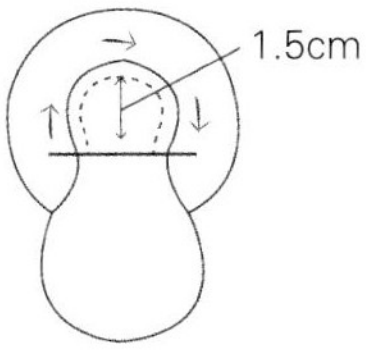

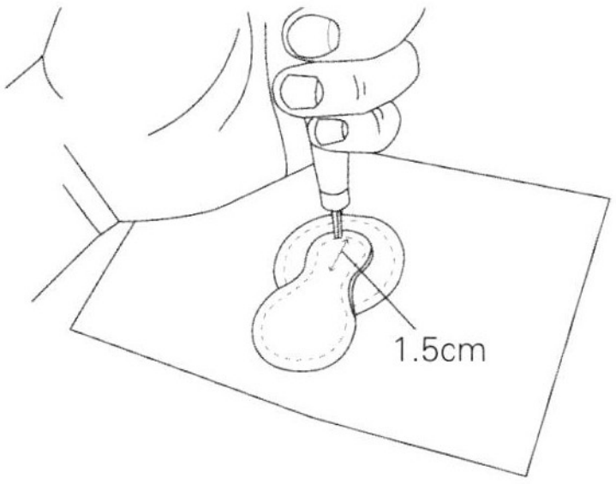

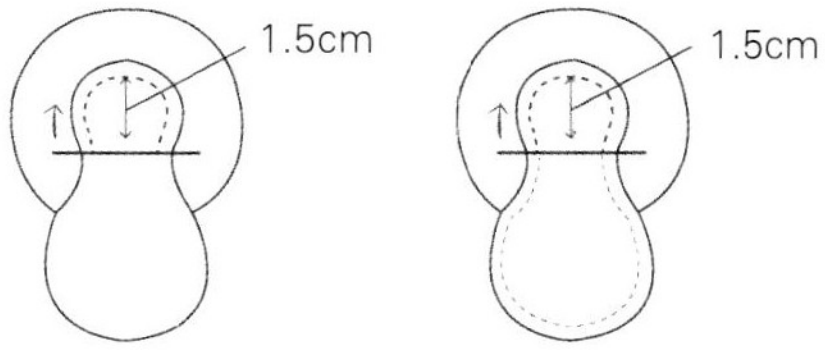

Step 5 图示为打孔起始位置，测量1.5cm位置后，由左至右依先前打好的孔，连同底部刺穿（分线处以上）。

Step 6 再用剑形钻孔器依序连同主体刺穿。

Point 注意！只需刺穿分线处以上的头至尾处，勿全部刺穿。

Step 7 依左图标示，上圆虚线处先缝合（把贴合的两片磁扣皮片与下方装饰圆皮片及主体皮片缝合固定）。
依右图标示，再缝合下圆虚线处（仅是把贴合的两片磁扣皮片缝合）。

Point 此步骤与上一步骤都是要分两段操作。

侧挡与主体组合

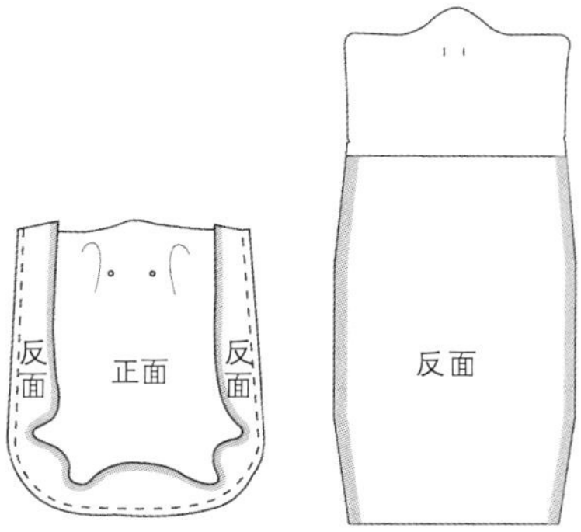

Step 1 拿出事先做好的主体皮片及侧挡皮片，在反面上0.4cm宽强力胶（图示灰色区域）。

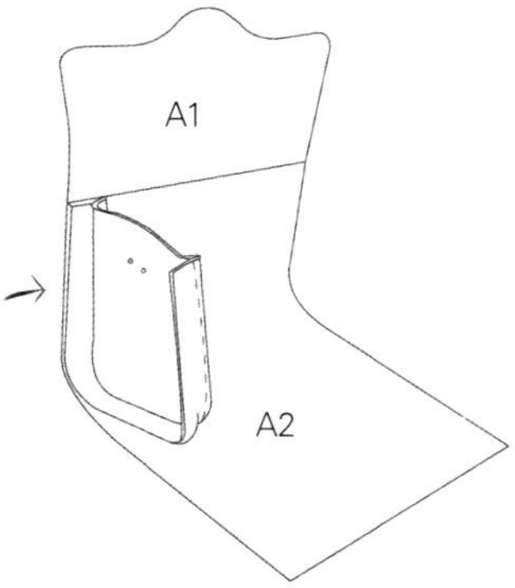

Step 2 上好胶的侧挡依主体上缘粘贴至中段（箭头处）（注意勿粘贴至底部），左边粘完后换右边，一样须先从主体上缘开始，再贴合至中段。

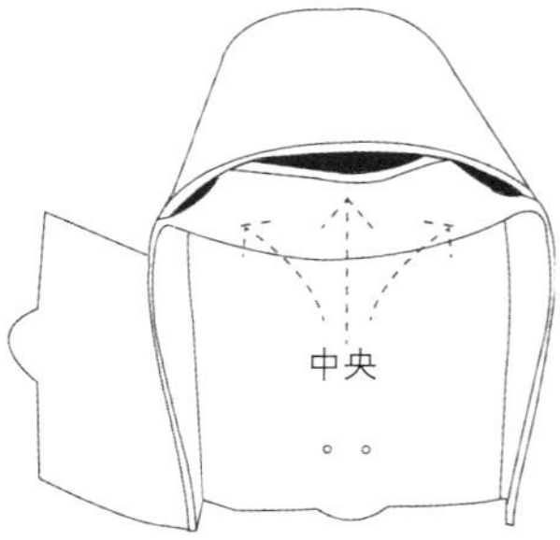

Step 3 左右边贴合完后如图示，底部应是未贴合的状态，这时再把底部从中央套入主体内，同时往外贴合。

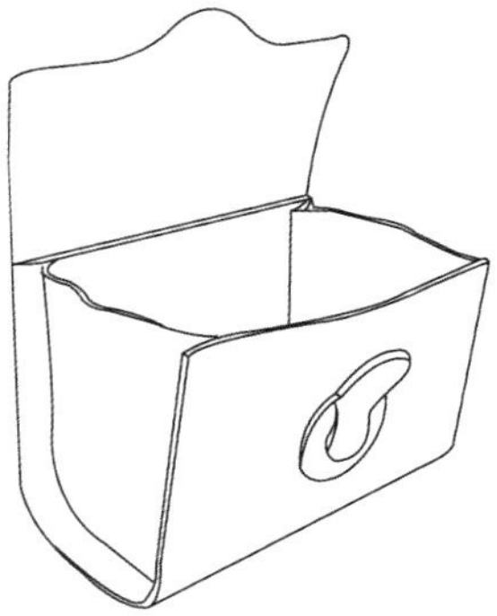

Step 4 左右边侧挡都贴合完毕。

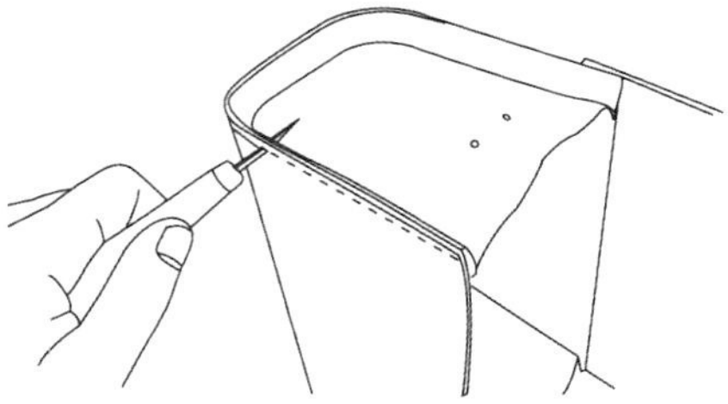

Step 5 再用剑形钻孔器依外皮打好的缝孔，一一连同侧挡皮片刺穿，再将之缝合即可。

隔层及吊耳组合

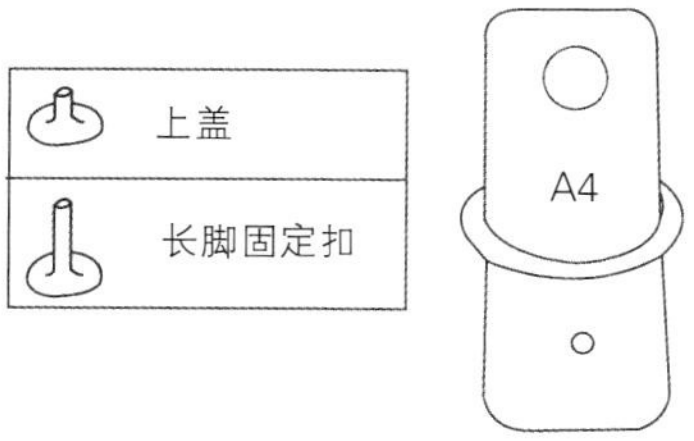

Step 1 将长脚固定扣及D形环套入A4吊耳皮片。

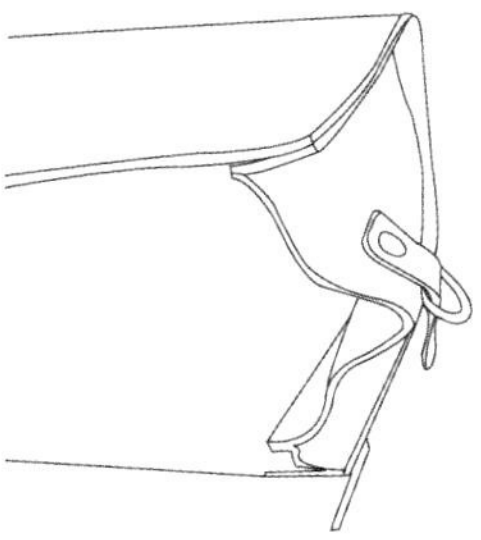

Step 2 再将组好的吊耳套入侧挡的上方圆洞。

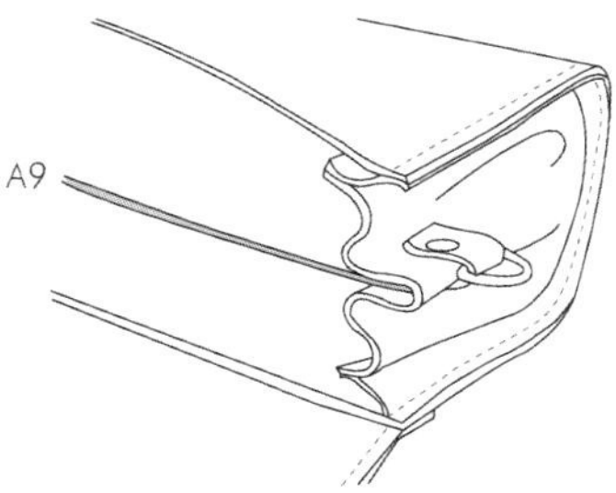

Step 3 接着放入A9隔层琅皮，这时需连同隔层琅皮圆洞及侧挡下方圆洞一起塞入长脚固定扣再盖上上盖，用平凹錾打紧，包包主体就完成了。

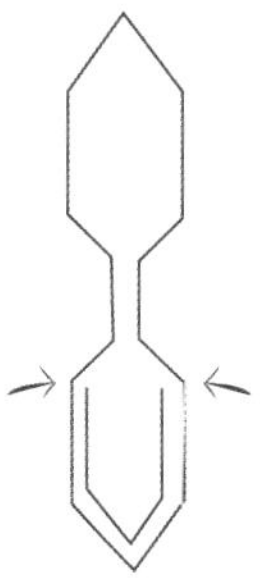

Step 4　将两片A8皮片单边用间距规划0.4cm宽缝份。

Point　打孔起始为皮片转角处（箭头标示位置）。只需划单边1片。

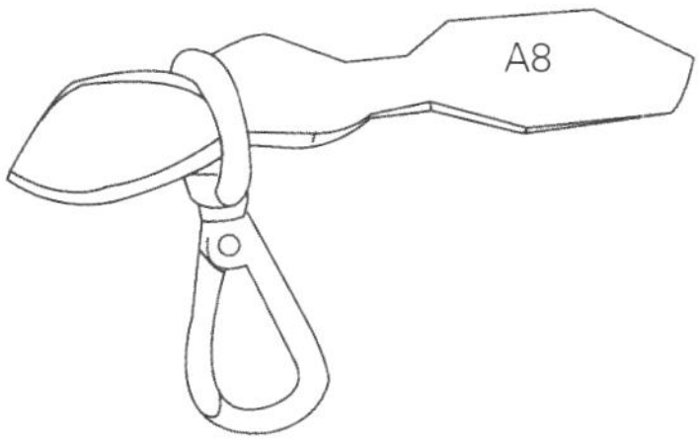

Step 5　轻折后套入吊耳环内。

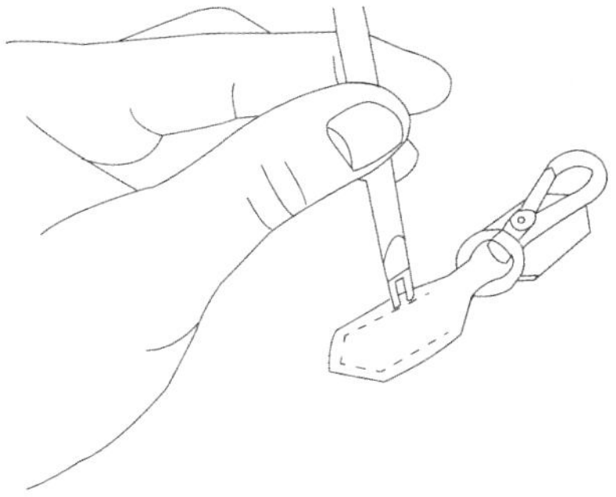

Step 6　用菱錾打一圈孔。

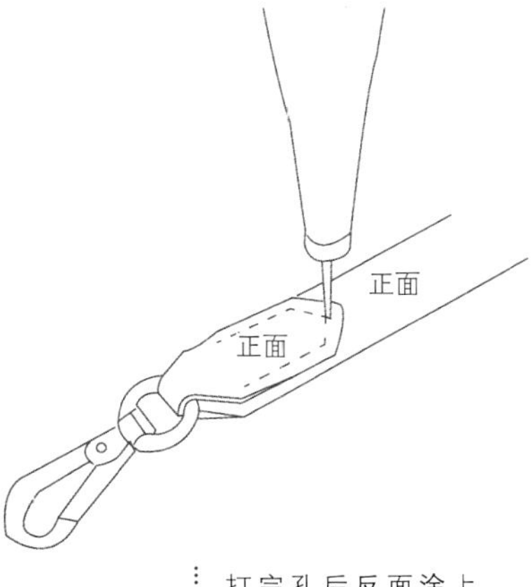

Step 7　打完孔后反面涂上强力胶，对折贴合于肩带条上，用剑形钻孔器一一连同下方皮片刺穿再缝合。

带头组装

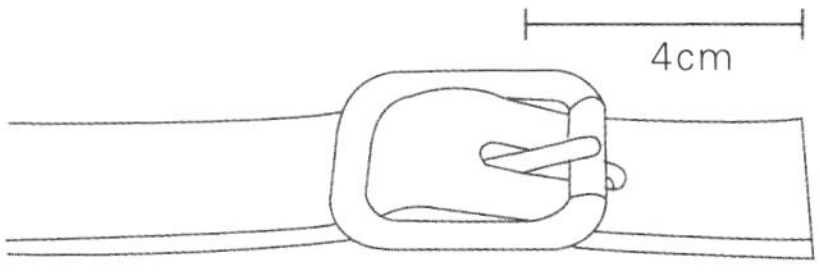

Step 1　35cm肩带一端折4cm后取中央位置打皮带錾，如图将皮带头套入。

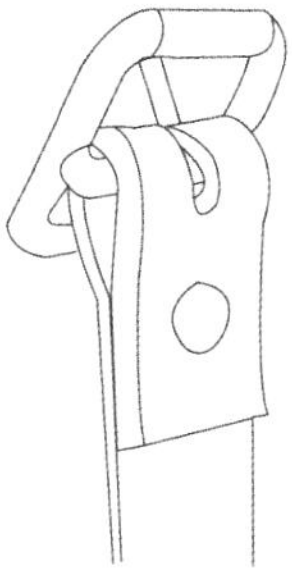

Step 2　皮带头套入后，反折部分打8号圆錾，套入固定扣打合。

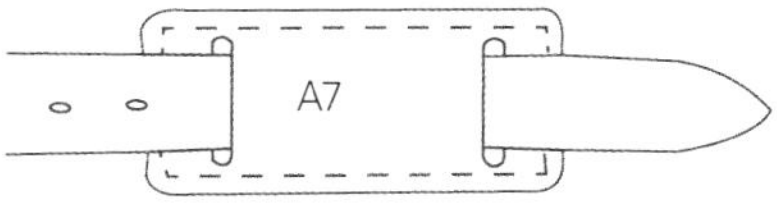

Step 3　最后将100cm长肩带穿入对缝好的A7装饰皮片，拉出即可。

图书在版编目（CIP）数据

手缝皮革技巧事典/印地安皮革创意工场著. —郑州：河南科学技术出版社，2013.7（2017.6重印）
ISBN 978-7-5349-6313-1

Ⅰ. ①手… Ⅱ. ①印… Ⅲ. ①皮革制品-手工艺 Ⅳ. ①TS56

中国版本图书馆CIP数据核字(2013)第091886号

出版发行：河南科学技术出版社
地址：郑州市经五路66号　　邮编：450002
电话：（0371）65737028　　65788613
网址：www.hnstp.cn
策划编辑：李　洁
责任编辑：李　洁
责任校对：李淑华
责任印制：张艳芳
印　　刷：河南新达彩印有限公司
经　　销：全国新华书店
幅面尺寸：190 mm×260 mm　　印张：10.5　　字数：160 千字
版　　次：2013年7月第1版　　2017年6月第3次印刷
定　　价：48.00元